创意思维手册

The Creative Thinking Handbook

[英] 克里斯·格里菲斯（Chris Griffiths） 著
梅利娜·考斯蒂（Melina Costi）
赵嘉玉 译

机械工业出版社
CHINA MACHINE PRESS

ⒸChris Griffiths, Melina Costi, 2019

This translation of The Creative Thinking Handbook is published by arrangement with Kogan Page. The simplified Chinese translation rights arranged through Rightol Media（本书中文简体版权经由锐拓传媒取得 Email: copyright@rightol.com）

北京市版权局著作权合同登记　图字：01-2019-1808号。

图书在版编目（CIP）数据

创意思维手册 /（英）克里斯·格里菲斯（Chris Griffiths），（英）梅利娜·考斯蒂（Melina Costi）著；赵嘉玉译. —北京：机械工业出版社，2020.4
书名原文：The Creative Thinking Handbook
ISBN 978-7-111-64902-1

Ⅰ.①创… Ⅱ.①克… ②梅… ③赵… Ⅲ.①创造性思维-思维方法-手册 Ⅳ.①B804.4-62

中国版本图书馆 CIP 数据核字（2020）第 035952 号

机械工业出版社（北京市百万庄大街22号　邮政编码100037）
策划编辑：张清宇　　　责任编辑：张清宇
责任校对：炊小云　　　责任印制：孙　炜
保定市中画美凯印刷有限公司印刷

2020年6月第1版第1次印刷
165mm×225mm·19印张·1插页·239千字
标准书号：ISBN 978-7-111-64902-1
定价：59.80元

电话服务　　　　　　　　　网络服务
客服电话：010-88361066　　机 工 官 网：www.cmpbook.com
　　　　　010-88379833　　机 工 官 博：weibo.com/cmp1952
　　　　　010-68326294　　金 书 网：www.golden-book.com
封底无防伪标均为盗版　　　机工教育服务网：www.cmpedu.com

赞　誉

在这个变化的时代，创新、创意、创造力，已经成了人们面对变化、拥抱变化，进而创造变化，奋力追逐的方向。人们从自我认知到思维提升，从按需创意到积极行动，亟待一份实用性手册，让这一过程变得更加高效。本书中系统清晰的方法论，简单易行的工具包，都能让每个人将创意思维这件事变得游刃有余。

——郑懿

Design Thinking 导师，六西格玛黑带

作为一位互联网教育从业者，我在过去几年的教学实践过程中发现，很多人学习了非常多的知识，却没有学习过如何练就创造力。

疫情暴发之后，中小企业的生存变得非常困难，很多职场人和大学毕业生的就业形势也变得更加严峻。而学会创意思维，练就创造力，都将为你带来更强的竞争力和适应力，帮助你在危机中寻找到机遇。

——师北宸

"一把钥匙"创始人，长江商学院品牌顾问

作为一名职业生涯规划师，我深刻地感受到在这个变化的时代，无论是企业还是个体，都必须学会快速适应和进化，才能为自己寻找到改变和跃迁的机会。

然而在个人成长和进化的过程中,"思维认知"往往是最先需要突破的瓶颈,很多人在职业发展中的误判都是因为被禁锢在"思维牢笼"中,从而丧失了改变的契机。

本书提供了从思维误区剖析到系统思维形成的整体方案,方法不仅实用,而且容易上手,值得每一位希望提升自己思维能力的职场人一读。

——廖舒祺

"舒祺聊职场"创始人,职业生涯规划师

《创意思维手册》大获好评

真正具有启发性的实用指南，助你用创新和创意驱动商业成功。

——皮特·埃斯特林（Peter Estlin）

伦敦市市长

克里斯·格里菲斯总是能想在前头。他把上、下、左、右、前、后、里、外都想了个遍！他在这本书里跟我们分享了这种思维艺术，教我们在面对我们甚至想都没想过的挑战时要如何有创意地思考。这是一本必读的书。

——莎朗·库里（Sharon Curry）

执行领导力教练，思维导图、创意和创新导师

克里斯·格里菲斯提供了把创意和创新付诸行动的完美实践配方。

——斯图尔特·米勒（Stuart Miller）

Mind Map USA 公司首席执行官

随着技术进化成一种商品，个人和组织必须发掘人类的潜力和灵感，提高自身竞争力。本书的到来恰逢其时。克里斯·格里菲斯向我们提供了

强大的实践方法，让我们挖掘自己的创意思维，在自己所处领域中成为大师。如果你想要"与众不同"，最大限度发挥创意，这本书将是一个宝贵的资源。

——扬·穆赫菲特（Jan Mühlfeit）
高管教练和导师，微软欧洲区前主席，《积极领导者》作者

如果你想把创新运用到日常实践中，这本书就是你的最佳选择。本书容易理解，结构合理，为你铺平持续增长的道路。

——比尔·洛（Bill Lowe）
领导力和学习作家及培训师，Kestrel Education 教育机构执行顾问

创新在现代职场愈发重要的原因有很多，但我们却缺少如何建立健全的系统发展创新的实操指南。在这本见解深刻的书里，克里斯·格里菲斯提供了一整套完备的工具，帮助企业良好运作，与团队成员共同实现创新。

——大卫·琼斯（David Jones）
金融服务专家

无论是人力资源从业者、管理人员还是首席执行官，如果你想探索组织的更多可能性，这本书都会非常有用。本书打破了读者对思维的既定假设，指出了发展创意思维能力应该避免哪些陷阱。

——基斯·厄舍（Keith Usher）
智拓（Insight Learning）公司总经理

在数字革命和其他工业革命到来的今天，关键的不仅是要以不同的方

式思考，更是要以创新的方式思考。克里斯·格里菲斯给出了一个非常有用的工具包。

——斯蒂芬·内休斯（Steffen Niehues）
软件行业首席高管

很棒的阅读体验，你可以完全享受其中，并在其中受到启迪，探索那些能改变你自身方法的创意思维。

——安迪·海沃德（Andy Hayward）
Infinity BTS 公司总监

如果你不想干等着想法自己出现，那么克里斯·格里菲斯可以告诉你如何迅速在头脑中产生你最需要的有用想法。

——帕万·巴塔德（Pavan Bhattad）
Pavan Bhattad 思维研究所创始人

如果你想创新，想发展事业，这本书就是你的必读书目。

——马蒂奥·萨尔沃（Matteo Salvo）
学习策略及记忆技巧畅销书作家，Mind Performance 创始人

从我们第一次见面开始，克里斯·格里菲斯就一直鼓舞我。他教会我不要过度美化创造力。他给了我关于人类思维的钥匙，让我打开了一扇门——发现什么是真正的创造力。

——卡尔·莫蒂埃（Karl Mortier）
教育专家

克里斯·格里菲斯的又一本好书。通过自身丰富的经验和深刻的见解，克里斯不仅告诉人们什么是真正的创新，而且还教会人们创新的方法。我希望更多的人能采用克里斯的思维方式。

——理查德·布莱德利（Richard Bradley）
瑞士日内瓦 Master Trainer Institute 总经理

关于作者

克里斯·格里菲斯（Chris Griffiths）

作为OpenGenius公司的创始人和首席执行官，克里斯·格里菲斯帮助全球范围内成千上万的个人及团队利用实用创新流程实现商业增长，其服务对象包括《财富》世界500强企业、英国富时100指数企业、联合国、政府部门、欧盟委员会、诺贝尔奖获得者等。克里斯倡导把创意思维策略和技术相结合，提高生产力；同时，他也为应用程序iMindMap（手绘思维导图）和DropTask（水滴待办）提供后台支持。目前，这两个应用程序的全球用户数量已超过200万。

克里斯拥有28年创办和引领成功企业的经验，这些成功企业名列"德勤"的欧洲快速成长50强和英国《星期日泰晤士报》发展最快100强榜单之上。26岁时，克里斯售出了他的第一家公司。他也是创意和创新思维技巧领域的畅销书作家，所著的《掌握解决方案》（Grasp the Solution）位列亚马逊英国商业榜单第二名，《思维导图实践版》（Mind Maps for Business）位列榜单第五。

克里斯首创"思维导图执照导师课程"，在全球范围内建立了拥有超过1000名导师的关系网。他与妻子基儿（Gaile）一起，利用"启发天才"基金会（Inspire Genius Foundation），向草根阶层以及其他人群推广创新和创业思维。位于威尔士佩纳斯码头（Penarth Marina）的创意思维总部 Tec Marina 是克里斯的最新成果，在那里，他把一个 2 万平方英尺的仓库改造成创意中心，供处于成长期的创新企业使用。

梅利娜·考斯蒂（Melina Costi）

拥有市场管理背景的梅利娜·考斯蒂是一名职业商业作家和文字编辑。她合著的作品包括《积极领导者》(*The Positive Leader*)（与微软欧洲区前主席扬·穆赫菲特合著）以及位列亚马逊英国商业榜单第二名《掌握解决方案》(*Grasp the Solution*)（与克里斯·格里菲斯合著）。

梅利娜在伦敦城市大学主修商业研究并获得一级商学（荣誉）学士学位。她也是一名认证索引员和英国索引家协会会员。除了出版作品以外，梅利娜还向有学习障碍和残障的成人学生提供学术支持服务。

致　谢

我想在此对以下朋友表示感谢，他们都拥有非凡的智慧，这本书得以面世，离不开他们的帮助：

首先感谢 OpenGenius 团队，感谢你们神奇的创意和卓越的努力，感谢你们日复一日提出不同的想法。与你们共事让我感到无比快乐。我还要特别感谢我的合著者梅利娜·考斯蒂，感谢她对本书材料的研究和编辑，更要感谢她为本书面世所做的不懈努力。梅利娜是个在文字方面有魔力的人，我很荣幸能与她合作多年。

我要感谢思维导图（Mind Mapping）和应用创新（Applied Innovation）的各位注册导师，感谢世界各地的伙伴，他们自发且热情地提供了很多信息，并在不同环境中测试我的想法是否可行，我欠他们一个大人情。正是因为有了他们可靠的建议和反馈，本书的材料才能具体成形。同样要感谢的还有我宝贵的客户们和所有提供过反馈、支持的人。

我由衷地感谢我的责任编辑——Kogan Page 出版社的瑞贝卡·布什（Rebecca Bush），感谢她对本书的出版项目投入的大量热情，以及她对每一稿的认真编辑和详尽指导。感谢整个出版团队，是大家的努力让所有事情成为可能。

我也必须感谢本书参考文献的所有作者和研究者，他们具有启发性的深刻见解为我们理解自己的思维障碍奠定了坚实的基础。他们开创性的工作将继续广泛地影响企业和个人,让我们深信,我们可以开拓属于自己的创新成功之路。

最后,我永远感激我的家人——我的妻子基儿和两个超棒的孩子亚历克斯(Alex)和阿比(Abbie),感谢他们在整个过程当中对我的耐心和无限鼓励。谢谢你们让我的生活如此美妙,让每一天都变得如此特别。

克里斯·格里菲斯(Chris Griffiths)

序

我们都面对着同样的挑战。无论你是正在创业的企业家、处于上升期的小公司的一员,还是在快速变化的市场中面临挑战的大企业中的管理人员——面对困难且不熟悉的问题时,持续保有创造力才是成功的秘诀。然而,尽管创造力如此重要,与我共事的企业和个人却几乎不怎么考虑,也不怎么谈创造力(至少那些不太成功的企业和个人是这样的)。事实上,很多企业似乎都有一个心照不宣的共识:创造力这个东西,你要么有,要么没有,无论有没有,它都是一种"暗黑艺术",既不能解释清楚,也无法提高。

但是,各种证据表明,这种认识是错误的。我们对创造力了解甚多,而且个人和团队显然可以通过学习来变得更具创造力。用正确的眼光看待创造力,学习解决问题的新方法,能真正积极地提高我们的创造力。遗憾的是,企业现在最常用的方法,是通过聘请咨询师和顾问(或者最近的新做法,聘请"千禧一代"),来试图"雇用"创造力。但如果这个方法还是解决不了创造力枯竭的问题,企业最后只剩下疑惑:"真的没有更好的办法了吗?"

实际上,办法是有的!在这本《创意思维手册》中,克里斯·格里菲斯和梅利娜·考斯蒂提供了一个可以重复操作的体系,让人们可以利用创意思维的力量打开思路，战胜工作中的挑战。他们告诉读者，创造力能同时达到富有想象力和充满逻辑的双重效果，也展示了如何能运用这种传统意义上的"软"技能来获得"硬"成果。该书为那些希望提高创造力和用创意解决问题的能力，并由此在快速变化的世界里取得成功的人提供了解决方案。

本书实用性强，可以让读者体验一个完整的过程——从做好思想准备开始，直到真正成为高效的创意问题解决者。利用"决策雷达"剖析工具进行的自我评估，可以让你深入了解自己的思考方式，对那些阻碍你前进的思维误区有一个基本的认识。有了一定背景知识之后，你需要采取积极行动，完成四个步骤——解决方案探测器——以应对商业挑战和更好地抓住机遇。在这个过程中，读者可以选择适合自己的工具和技巧加以利用，从而达成所处阶段的目标。

克里斯独创的创新力提高方法是他在该领域三十多年的经验积累而成，不仅实用，而且有效。作为一名广受好评的讲者，克里斯为个人和企业提供指导和培训，让他们学会更好地思考，最大限度地发挥创造力。参加 OpenGenius 应用创新训练课程的人们来自世界各地。在课程中，学员们遵循本书介绍的四个步骤，学习应对现实生活中的商业挑战。在这本《创意思维手册》中，读者既可以获知关于人类思维方式的最新研究成果，也可以看到引人深思的例子，各种概念，可供下载的模板，以及在实际培训中已经得到验证的各种方法。

我本人也教授创新课程，并且和处于成长阶段的众多企业有着广泛的合作，因此，对于克里斯·格里菲斯撰写本书带来的积极影响，我表示热烈的祝贺。他帮助了成千上万的个人和企业提升创造力，其丰富的经验让他独具优势，并能在这方面提供清晰、具体的指导。克里斯提出的方法简单、实用，任何人都可以利用这些方法变得更有创意；他还为我们带来了信心和成功的工具，这些恰恰是创新解决问题的关键所在。遵循本书的简易步骤，就能开启你的创意之路。如果能把这些步骤牢记在心并变成习惯，那么无论你是管理人员、专业人士还是企业家，都能激发创新，并且让这种持续、伟大的创新文化根植在你的组织当中。

尼尔森·菲利普斯（Nelson Phillips）教授㊀

㊀ 尼尔森·菲利普斯教授是英国帝国理工学院阿布扎比创新与战略学会主席。他向本科生和研究生传授商业策略、组织行为学、创新及领导力等课程。菲利普斯教授也在高管培训方面十分活跃，他促成了伦敦证券交易所的"精英加速计划"（Elite Accelerator Program）并担任课程负责人。

目 录

关于作者
致　谢
序

引　言　为什么我们需要新想法？我们真的需要吗？／001

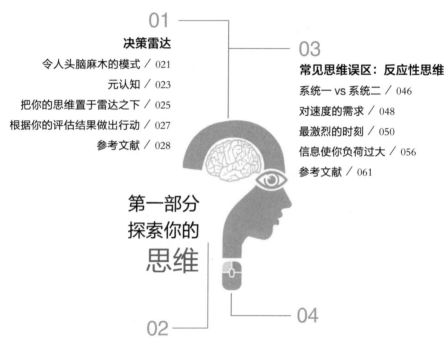

01
决策雷达
令人头脑麻木的模式／021
元认知／023
把你的思维置于雷达之下／025
根据你的评估结果做出行动／027
参考文献／028

**第一部分
探索你的
思维**

02
常见思维误区：选择性思维
杀死创意和明智的决策／031
就是这个点子！／032
束缚思维的偏见／034
参考文献／041

03
常见思维误区：反应性思维
系统一 vs 系统二／046
对速度的需求／048
最激烈的时刻／050
信息使你负荷过大／056
参考文献／061

04
常见思维误区：假设性思维
它们无处不在！／064
质疑你的假设／065
糟糕的假设性行动／070
规则就是用来打破的／074
参考文献／079

05
用创意解决问题的环境
你被市场驱动还是你驱动市场？／083
制胜流程／085
发散思维和收敛思维／087
创意工具包／092
参考文献／093

07
解决方案探测器步骤2：构思
生成性思维／118
头脑风暴——这有用吗？／118
如何更好地进行头脑风暴？／125
"正确"的头脑风暴策略／129
参考文献／140

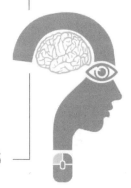

06
解决方案探测器步骤1：理解
定义挑战／096
理解工具包／100
理解检查清单：要做的事和不要做的事／113
参考文献／115

第二部分
解决方案
探测器

08
解决方案探测器步骤 2：构思工具包
按需即到的创意 / 143
构思工具包 / 144
构思检查清单：要做的事和不要做的事 / 165
参考文献 / 167

10
解决方案探测器步骤 4：行动方向
把想法转化为行动 / 191
行动方向工具包 / 195
行动方向检查清单：要做的事和不要做的事 / 214
参考文献 / 216

09
解决方案探测器步骤 3：分析
评价想法 / 169
分析工具包 / 174
分析检查清单：要做的事和不要做的事 / 186
参考文献 / 188

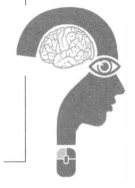

第二部分
解决方案探测器

11　决心"以不一样的方式思考"

信息汇总 / 221

第 2 次决策雷达 / 225

表明决心 / 227

为创意腾出时间 / 230

参考文献 / 243

12　创意领导力

创新是核心领导力技能 / 245

终点 / 246

失败和学习的自由 / 250

重点营造好玩的气氛 / 256

乐观地创新 / 262

支持系统 / 266

参考文献 / 270

第三部分　结束只是新的开始

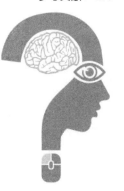

结语　你从本书中收获了什么？ / 273

决定，决定 / 274

持之以恒 / 275

附录　活动答案 / 277

模板及资源下载

　　本书是关注创意思维过程和应用创意思维工具的实用手册，我们精选了一系列画布模板和检查清单供读者下载使用，个人和团队工作均可使用。这些模板包含解决方案探测器的各个阶段所需的所有内容，让你能更好地捕获想法和思路。

　　所有资源均可在 www.thinking.space 下载并免费打印。

XIX

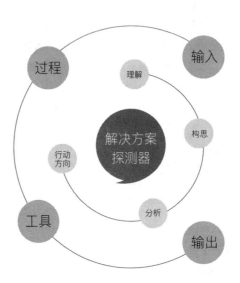

引 言
为什么我们需要新想法?
我们真的需要吗?

人可以抵挡军队的入侵,却抵挡不了思想的侵袭。

——维克多·雨果,法国诗人、小说家,《罪恶史》

知识不再是力量

"知识就是力量",这句话你听过多少遍了?曾几何时,获得信息并在某个领域成为专家是一个人的巨大优势。你独有的丰富经验、专业技能和知识能让你在竞争中跑在前头,处于领先地位。但是现在,情况已经不太一样了。

显然,在如今这个快速发展、竞争激烈的世界里,以前行之有效的方

法现在已经不再奏效。现有的知识也许仍然有用，但也不足以应对世界的变化。跟30年前相比，我们吃的不一样了（方便食品、各国美食），沟通方式不一样了（手机、电子邮件、社交网络），购物场所不一样了（网上购物、大型一站式超市），工作类型不一样了（复杂的机械技术、程序开发等新职业），甚至连学习研究的方式也不一样了（虚拟学习环境、互动白板、网上研究）……类似的不一样还有很多很多。在短短30年的时间里，我们已经进入了一个完全不同的世界！

这意味着什么？意味着无论我们多聪明，多有天赋，作为企业也好，个人也好，我们都必须学会适应和进化。而现在的问题是，我们周围的一切都在向前行进，但我们的思维方式却基本上停滞不前。大多数时间，我们还是会根据多年经验积累下来的设定、模式和信念系统完成工作，还是会使用从前曾经奏效的标准化策略来应对挑战和机遇。毕竟，我们曾经付出了很多才获得这些经验和标准。但是，21世纪的商业问题有着太多的变量和未知，仅凭现有的知识无法解决所有问题。以往"经过反复考验"的解决方案并不适用于现在和未来的挑战，我们需要利用创意思维去寻找有趣的新方案。因此，**创造力成为新的力量**。成功不再取决于我们知道什么，而取决于我们能创造什么。

当探索未知、孕育新想法的时机已经成熟，我们就会对传统的思维习惯感到失望。我们会被禁锢在"已知"的牢笼，而拿不出全新的想法。最终，这些传统思维习惯会变成一个个思维"误区"，因为它们阻止了我们去寻找创新方式完成目标。下面的练习为你展示了基于过往程序（也就是"既有知识"）进行思考是多么轻松自然的一件事。尝试一下吧。

引　言　为什么我们需要新想法？我们真的需要吗？

> **活动　一年中的月份**
>
> 　　以最快的速度背诵一年中的所有月份。我猜你大概能在5秒内完成背诵。
>
> 　　现在，请再次列举这些月份，但这次把它们按照英文字母顺序排列。
>
> 　　这就没那么简单了，对吗？
>
> 　　　　　　　　　　　资料来源：《更好地思考》（*Think Better*）（Hurson, 2008）
>
> 　　答案请见本书第277页。在常规模式下，快速列举月份对你来说完全不是问题。但一旦脱离了常规模式，你就得认真思考当中的信息。你固有打破固有习惯的模式，用一种全新的眼光看待这个问题。这时，信息变得更具动态性，你也可以打开思维，建立一个全新的模式。

思考是最难的工作，这也许就是很少有人从事这一工作的原因。

　　　　　　　　——亨利·福特，美国实业家、福特汽车公司创始人

　　本书的全部关注点在于让你用不同的方式思考，在这期间我会请你完成不同的思考任务。书中的方法、练习和工具会带你离开舒适区，但却有着很重要的用途——帮助你战胜偏见，并且能够进行清晰的、有建设性和创造性的思考。你遇到的将会是没有现成答案的问题，所以，我建议你在继续阅读这本书之前，先扔掉你的"专家"帽子。所有的努力都是值得的。学会用不同的方式思考，能帮助你在面对商业挑战时，找到最佳创新解决方案——不只是"做到"，而是"做得更好"。

创意思维手册

要么创造,要么死

耶鲁大学管理学院教授理查德·福斯特(Richard Foster)的研究显示,标准普尔500指数公司的平均寿命由1958年的61年下降到2012年的18年(Innosight, 2012)。福斯特还预计,按照目前的客户流失率,75%的美国领先企业将在2027年之前被我们现在听都没听过的公司所取代。在英国,情况也是如此。那些在1984年位列英国富时指数100强的企业当中,到2012年仍能上榜的只剩24家。

这些数字给我们上了残酷的一课。如果企业不能持续进行创新探索,不能对自己进行重塑,就会面临被新玩家取代、被市场淘汰的风险。曾经因为掌握科学知识和专业技能而走在前列的大型组织现在正走着下坡路。有句格言这样说:"如果你继续做着自己一直以来都在做的事,那你也只会继续得到那些自己已经得到的东西。"但是,这句话现在也不能完全说对了。新经济当前,如果不前进,那就不是原地不动这么简单了,而是会远远落后。还记得百视达、康柏、黑莓和HMV吗?这些曾经风光无限、被寄予厚望的公司早已沉寂颇久了。如果看不到身边的机会,你很可能也会步它们的后尘。

要在当今的商场跟上节奏,应对迅速的变化和不确定性,就要有源源不绝的新想法、新角度和新的解决方案。我们需要有创意的见解,去以一种新颖有效的方式应对行业挑战,大胆迈向未知的领域。仍然有很多专业人员和企业认为创造力没有实质用途。在他们眼中,创造力是一种装饰,

引　言　为什么我们需要新想法？我们真的需要吗？

就像那些又粉嫩又轻飘飘的饰品，只是用来让产品变得更漂亮，或者让公司的名声更好听。在这一点上，他们本来就错了。跟人力资源、财务、产品开发等关键运作环节一样，创造力可以成为也应该成为企业关注和重视的一环。我把这个严谨的、具有前瞻性的环节称为"**应用创意**"。

通过应用创意，你会对问题的起因、问题的解决方式、公共行政决策以及接下来要走的路都产生新的想法。知识依然重要，它是创意过程的重要支柱，连接信息和评估想法也要用到你的知识。但如果没有得到创新的应用，知识的价值非常有限。创造力能让你发现崭新的知识和新鲜的想法，而能够改变现状的正是这些新想法——就像谷歌改变了我们获取信息的方式，网飞改变了我们看电视的方式，推特改变了我们跟他人互动的方式。不管这个新想法是大是小，只要产生了新想法，你就可以在你的所在之处开辟新天地。

你的想法能帮助你回答各种问题，比如：

- 怎样能留住更多顾客/客户？
- 产生问题 W 的原因是什么？
- 怎样可以精简我们的业务流程？
- 我们今年会有什么机遇？
- 怎样能提高部门 X 的绩效？
- 我要怎样解决问题 Y？
- 我们可以进入哪些新市场？
- 我们可以怎样利用这次的立法改革？
- 我们可以在产品 Z 中加入哪些新特色？
- 我要怎么激励我的团队？

创意的力量正在一点一点获得人们的认可。在 2016 年发布的《未来就业报告》中,世界经济论坛明确指出,到 2020 年,复杂问题的解决能力、批判性思维和创造力是职场中最重要的三个技能。随着新产品、新技术和新的工作方式接踵而来,人们必须提高自己的创造力,才能在这些新变化中获益(Gray,2016)。

Adobe 公司调查过 1000 名受过大学教育的全职专业工作者,发现创造力是现代工作必不可缺的一部分。超过 85% 的受访者同意,创意思维对他们在职场中解决问题至关重要(Adobe,2012)。90% 的人认为经济增长离不开创造力,96% 的人认为创造力对社会有着重要价值。然而,有 32% 的人对于在职场中进行创新思考感到不自在,还有很多人(78%)希望自己能更有创造力。

创造力缺口

82% 的受访者认为创造力和工作成果之间有着紧密的联系。

但是

61% 的高级管理人员不认为自己的公司具有创造力;

只有 11% 的人认为自己现在的工作方式称得上有创意;

10% 认为自己所做的事情跟那些富有创意的公司所做的完全相反。

资料来源:创意收益调查(Adobe,2014)

引　言　为什么我们需要新想法？我们真的需要吗？

随着年龄增长，我们的创意会减退

孩童时期，我们具有的创造力远远大于现在。这个观点已经在长期试验中得到证实。例如，1969 年，美国国家航空航天局（NASA）把用于选拔创新工程师和科学家的创造力测试交给 1600 名 5 岁的儿童去做。测试结果很惊人，98% 的孩子得分位于"高创造力"区间。五年后，同一批孩子（已经 10 岁）再次参与测试，只有 30% 的得分留在了"高创造力"区间。又过了五年，等到孩子们 15 岁再次接受测试的时候，只剩下 12% 的人得分位于这个区间。不过，更明显的结果来自成人。25 万名 25 岁以上的成人也接受了同样的测试，结果只有可怜的 2% 达到"高创造力"的范围（见图 0-1）。鉴于你正在阅读此书，我想你一定是希望成为那 2% 的其中一员！

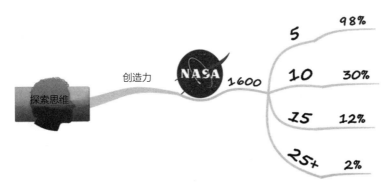

图 0-1　NASA 创造力测试

这项研究证明了什么？用创新作家史蒂芬·夏皮罗（Stephen Shapiro）（2003）的话来说，就是"创意不是学来的，而是我们不用学就有的"。创意是我们所有人小时候都具备的特质，但随着我们长大成人，创意也会迅速减退。还是小孩的时候，你应该不会觉得运用想象力是什么难事。所以，到底发生了什么呢？请思考图 0-1 之后的两个问题。

问题 1：你上学的时候花了多长时间学习数学？

在一般的教育体系里，大多数人学习数学的时间超过 5000 个小时。你的情况也一样吗？在这当中有多少时间属于有效时间？你还记得多少数学知识？

问题 2：你花了多长时间学习创造力？

一点点？完全没有？大多数人并不是在校期间学习创造力的。你参加过创新 101 课程吗？

在学校里，老师会对我们进行诸多限制。学校教育体系的关注点在于训练我们的思维进行信息的储存和分析，而不是培养我们提出新想法和运用新想法的能力。我们被教会记住正确答案，学习别人的解题方法和知识，却没有人教我们去找属于自己的答案、解题方法和知识。很快，我们就发现了犯错是件坏事。因为害怕犯错，就连班上最勇敢的人都不敢说出自己略有不同的看法。等到我们进入商业世界时，我们会习惯性地限制自己的思维，不用多久我们的思维就会僵化。

面对问题，年幼的孩子总是可以想出惊人的创新解决方法，因为他

引　言　为什么我们需要新想法？我们真的需要吗？

们的思维不受成人那些死板的规则和方法所约束。孩子们可不像我们这群可怜的成年人那样受到思维限制。西班牙艺术家、画家巴勃罗·毕加索的话恰恰论证了这一点："我花了四年时间让自己画得跟拉斐尔一样，却花了一生的时间，让自己像孩子一样作画。"孩子们总是以开放、兴奋和好奇的心态看待不同的事物，正因如此，他们常常能产生新的想法。他们的思维不受边界限制，无限广阔；他们所做的不是"遵从"，而是"创造"。

因为创造力会随着时间的推移而减少，人们很容易认为自己"根本不是有创意的那类人"。这种想法具有毁灭性，因为它使人禁不住怀疑用创新的方式去思考或行动到底有没有意义——创造力只属于艺术家、设计师、音乐家和那些不羁的疯子，不属于我们这些面无表情的职业人员。我们也许不是运动健将，但如果开始锻炼身体，注意饮食，几个月之后我们就会强壮和健康得多。同样地，实际上我们并没有因为年龄增长而丧失创造力，这只是假象。我们的创造力只是由于缺乏良好的运用而走形了，因为我们错误地相信它不需要任何实际应用。正如人不锻炼肌肉就会萎缩，创造力也会因为我们的忽视而衰减。如果我们重新学会如何使用创造力，并且主动追求创新和思维进步，我们就会重新发现并体会到创意在孩童时期带给我们的魔力。想象一下，如果你的创造力能回到5岁时的水平，你能做好多少事情！

 创意思维手册

脱离框架思考

有人说创造力是在框架之外进行思考，有人却说创造力是在框架之内发挥创意。但如果根本就没有框架呢？如果你意识到框架是什么并把它移走，你就能开启无限创意。这里的框架，指的是你既有的假设、习惯、偏见和默认的思维路径。提出"如果我们研发一个没有键盘的手机会怎样"的时候，苹果扔掉了框架。这是苹果的奇妙一刻，苹果手机凭借超大的触摸屏和时髦迷人的设计，获得了前所未有的成功，并且很快把领先全球市场的诺基亚从行业第一的位置上挤了下来。那时候，除了苹果，所有生产商都忽视了新兴的触屏技术，无法从手机设计的既有设想中解放出来，以为消费者还是更愿意使用物理键盘。如果你像我一样，也参加过很多次头脑风暴讨论会，肯定能明白扔掉框架其实并不是一件容易的事。让我们来看看下面这个典型场景。

头脑风暴时的愚蠢错误

你和同事们的早会开始得很顺利。你们开始产生新想法，进展节奏适中——有一些"不用动脑"就想得到的点子，有一些"不同寻常"的疯狂想法，在这两个极端之间还有各种不同的有趣的想法，这一切让你们看到了希望的曙光，然后怎样了呢？你和组员们的创意步伐会因某些东西的出现而停止。通常情况下，你们的创意会枯竭告吹。又或者，那些想法会在你们心里变得古怪，不再符合心意，于是你们决定回到那些"安全""不冒险"的

选项当中。"我们还是继续一直以来的做法吧,不过要做得更好更快!"

或是:

"我们还是用回原来的设计吧,不过这次换成紫色的包装。"

于是你或你的组员们会自动开始对已有的想法吹毛求疵,仔细分析,不再专注于开辟新思路。

"有人已经做过了。"

"客户不会喜欢的。"

"这不是我们的风格。"

"那怎么赚钱?"

"我们去年做过了。"

"想法很好,但我们负担不起。"

另一种可能是,你认为前面的路十分可怕,不容乐观,饱受困扰的你无法看到某些想法的可能性,开始泼大家冷水。

"那完全不可行。"

"这跟我们的方针相悖。"

"听起来很难。"

"我们行业从没有过这种做法。这完全是浪费时间。"

有时你很幸运,刚开始开会就想到了好点子。那就不用继续头脑风暴了,反正也找到完美的解决方案了……真的找到了吗?

你开始按照这个点子行动,但却发现原来自己并没有想得足够透彻,这个点子实际上根本不可行。你盲目地忽视了其他提议,连个考虑的机会都没给,现在你又不得不硬着头皮继续推行这个糟糕的点子,不然的话之前那些宝贵的时间和精力就全都浪费了。

不论是上述的哪种情况,你的创意都被框架封死了。你需要打破框架走出来,重回创新的正轨。没有框架,就意味着在整个过程中你的思维都可以完全打开。

"思维就像降落伞,只有打开才能工作。"

思维就像降落伞,如果你在尝试创新的过程中一直不打开,迟早(一般很快)会从空中坠落。要打开思维,首先你要知道是什么把思维锁了起来。完全没有上锁的开放思维是创造力的根基,在构思的初始过程尤为重要。封锁或限制思维的因素惊人的多,你得小心提防,我会在本书第一部分介绍最常见的那些供你参考。而在第二部分,你将学习如何减轻那些因素对你的负面影响,做出更好的决定。有时候,知道什么不该做跟知道什么该做一样重要。

创意与创新有什么不同?

虽然我们都能靠直觉理解创意是什么东西,但要定义这个出了名难搞的概念,还是有很多不确定之处。活动你创意的肌肉之前,有必要搞清楚创意到底是什么。尽管网上有数不胜数的相关定义,但要总结出一个让你和你的团队都能理解并且行动起来的定义却并非易事。一个大家都认同的定义有助于团队统一步调,确定工作中的创意方向。

以下是我对创意的定义,如有需要请随意使用:

创意是新想法的孵化器和培养地,它由已有的知识而来,并与这些知识相结合,在大脑中形成新的神经通路,最终产生自己的原创想法。

这个定义或许不是最吸引人的,但却用人们比较容易理解的方式描述了创意的本质。创意是你把脑海中的东西都连接起来,直至产生有用的原创想法。已故的苹果公司联合创始人史蒂夫·乔布斯也曾提到过类似的概念——把点连起来。

创意和创新通常可以互相替换，但两者有着明显的不同。**创新**是：

创意思维和合理逻辑的联合，同时运用这两者，会产生一个新的很有可能更好的解决方案或行动方向供人探索和执行。

创新是一个完整的体系——把创意思维和逻辑思维相结合，产生有意义的想法并把想法落到实处。在这个意义上，创新是一个互相连接的过程，是多种活动一起出现，完成由想法产生到取得成果的全过程。创新可以是带来改变，让你更接近目标的任何想法。它不一定是像微芯片、印刷机、汽车这种具有历史意义的"超音速"发展。哈佛商学院教授克莱顿·克里斯坦森（Clayton Christensen）（1997）在他的经典之作《创新者的窘境》（*The Innovator's Dilemma*）中把这类变革型想法称作"破坏性创新"。创新可以是递增的小改变，但仍有巨大的价值，比如对客户服务或库存管理的一点改善。不论以前有没有人用过，但只要某个想法对你的业务来说是新想法，就可以算是创新。这些小改变日积月累，就会带来巨大的不同。

应用创意

尽管我们知道创意思维和问题解决能力对在商场里取得成功极其重要，但却很少有人知道怎样能获得这两个技能并在实践中运用它们。你很快会发现，创意不是只让一群人围起来参与的奇怪头脑风暴，也不是把点

创意思维手册

子草草写在便笺或挂板上这么简单。想想那些最具创新性的品牌：亚马逊、苹果、迪士尼、谷歌、微软、三星、星巴克、特斯拉、丰田、维珍……再想想那些你崇拜的创意天才：詹姆斯·戴森（James Dyson）、埃隆·马斯克（Elon Musk）、理查德·布兰森（Richard Branson）、史蒂夫·乔布斯（Steve Jobs）、托马斯·爱迪生（Thomas Edison）和蕾哈娜（Rihanna）。对这些企业和个人来说，创造力不仅仅是自由即兴创作的结果，想出新点子也不是一时好运，而是深思熟虑的方法、精心的组织结构和系统的思维模式等共同作用的结果。例如，谷歌创新过程的核心指导原则叫作"10倍思考法"——想改善一样东西的时候，不能只想改善10%，而是要想着改善到原来的10倍那么好。谷歌X实验室的设立，就是为了探索那些能改变世界的突破性想法和重大技术进步，比如无人驾驶汽车。谷歌喜欢把这类项目称作"登月项目"。

案例研究　任天堂：命运任天

和谷歌一样，任天堂也认为比起复制竞争对手的成功，另辟蹊径更加重要。"任天堂"这个名字意思是"命运任天"，它也像它的名字那样，在游戏行业采取蓝海战略，开拓新的市场空间，以此远离竞争对手，在没有竞争的领地里自由畅泳。所谓的蓝海战略是一种营销手段，意为寻找新的"蓝海"市场，为消费者创造创新价值的飞跃，而不去跟竞争者在过度拥挤的市场（也就是腥风血雨的"红海"）进行激烈竞争。实施蓝海战略通常伴随着成本下降和非必要功能的减少。任天堂最新推出的Switch就体现了蓝海思维。作为首个家用机掌机一体化设计的游戏机，Switch一经推出就成为头条新闻。它取得了巨大的成功，打破了美国和日本的游戏主机最快销售纪录，火爆程度甚至超过了当时PlayStation 2刚推出的时候（Kuchera，2018）。

引　言　为什么我们需要新想法？我们真的需要吗？

良好的结构能提高创造力。混乱而无休止的创意跟完全没有创造力几乎一样糟糕。要改变我们做事的方式，首先要开始改变我们思考的方式。正如商业的成功需要策略、系统和流程，我们的思维也需要积极且目的明确的策略，从而让我们获得想要的成果。这就是**解决方案探测器**派上用途的时候了（你将在第二部分学习相关内容）。系统的方法能让你的创意拥有顺序和逻辑，让创意不再是一种空想，而变得实用和具体。

如何使用本书？

《创意思维手册》分为三部分。你可以从头到尾阅读本书，在实际进行项目或应对挑战时对书中内容加以应用。不论你是一个人完成工作还是与他人合作，问题解决过程都会变得轻松，你的思维也会更活跃。你也可以在各个阶段或章节之间出入自如，只阅读最能帮助你的那部分。根据挑战的实际情况，有些步骤也许不能马上帮你解决当前的问题，但把所有的步骤读完能让你对整个过程有一个背景知识，启发你日常工作时的创意。

在**第一部分**，你将深入了解自己的思维，为之后的练习做好准备。首先你将完成 01 章的决策雷达测试，评估鉴定你的思维"危险区"，然后再处理 02、03、04 章中描述的常见思维误区。

第二部分是本书的关键部分——解决方案探测器（见图 0-2）。这部分将为你介绍实用策略，为你的创意解决方案和决策提供明确的方向。你会在各个章节中逐步得到指导，学习建立正确的思维模式和良好氛围的四个步骤，发现解决实际问题、完成实际项目的新鲜方式，不论这些问题和项目有多大多复杂,从定义挑战到产生大量想法,从评估想法到设定目标和行动计划,我们在每个步骤都为你提供了个性化的工具和技巧让你克服自己的偏见。另外,还有画布模板和检查清单供你下载,可在个人或小组的创意活动中使用。

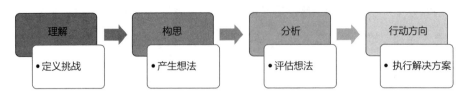

图 0-2　解决方案探测器流程图

在**第三部分**,你有机会再次使用决策雷达,看看自己完成本书的学习后进步了多少。你可以思考得到改善的技能,庆祝自己的进步,同时也可以看看哪些地方还需要继续努力。最后,看一看你有多大决心去用不同的方式进行思考,把它当作你的终身策略,在工作中以及工作以外的生活里继续驱动创意和创新。

你将会学习:

- 评估你的思维,鉴定"思维误区";
- 了解可以更好地思考的环境;
- 明确商业问题、挑战或机遇;
- 对任何问题都能想到多个主意;
- 让自己和他人参与到创意过程当中;
- 发现显而易见的想法以外的其他想法;
- 探索新鲜的角度和机遇;
- 选择"最佳"想法去实践;

引　言　为什么我们需要新想法？我们真的需要吗？

- 越过那些愚蠢和过时的设想；
- 不要急于草率地做判断；
- 让决策过程更客观些；
- 结合使用工具和技巧，更有效地解决问题；
- 打破"问题——反应"循环；
- 不要害怕，从错误中去学习；
- 对你提出方案的质量树立信心；
- 避免分析瘫痪；
- 选择更有帮助的思考习惯、态度和信念；
- 随着时间推移，让你的思维越来越有创意；
- 把创意文化植入到你的组织中。

无论你什么时候困在某个决策中，需要新的想法或者做出积极的改变，我都真诚地希望这本《创意思维手册》能给你启发，指引你前进的道路。

准备好开始了吗？

参考文献

Adobe（2012）［accessed 21 February 2018］Creativity and Education：Why It Matters［Online］www. adobe. com/aboutadobe/pressroom/pdfs/Adobe_Creativity_and_Education_Why_It_Matters_study.pdf

Adobe（2014）［accessed 21 February 2018］The Creative Dividend：How Creativity Impacts Business Results［Online］https://landing. adobe. com/dam/downloads/

whitepapers/55563.en.creative-dividends.pdf

Clayton, CM (1997) *The Innovator's Dilemma: When new technologies cause great firms to fail*, Harvard Business Review Press, Boston, MA

Gray, A (2016) [accessed 21 February 2018] The 10 skills You Need to Thrive in the Fourth Industrial Revolution, *World Economic Forum*, 19 January [Online] www.weforum.org/agenda/2016/01/the-10-skills-you-need-to-thrive-in-the-fourth-industrial-revolution

Hurson, T (2008) *Think Better: An innovator's guide to productive thinking*, McGraw-Hill Professional, New York

Innosight (2012) [accessed 21 February 2018] Creative Destruction Whips Through Corporate America [Online] www.innosight.com/wp-content/uploads/2016/08/creative-destruction-whips-through-corporateamerica_final2015.pdf

Kuchera, B (2018) [accessed 22 February 2018] Why the Nintendo Switch Is Selling So Well (update), Polygon, 31 January [Online] https://www.polygon.com/2018/1/4/16849672/nintendo-switch-sales-numbers-success-price-mariozelda

Shapiro, S (2003) Unleashing the innovator, *Control*, 3, pp 19–21

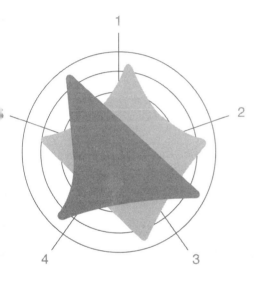

第一部分
探索你的思维

01 决策雷达

02 常见思维误区：选择性思维

03 常见思维误区：反应性思维

04 常见思维误区：假设性思维

决策雷达

——

大脑是个妙不可言的器官。它从你早上起床的那一刻起就开始运作,直到你走进办公室的那一刻才停止运作。

——罗伯特·弗罗斯特(Robert Frost),
美国诗人

令人头脑麻木的模式

左面这句可能只是句玩笑话,但却说中了至关重要的一点。在生活中,我们大部分人并不会察觉自己的决策或行为背后有什么样的思维过程。我们都开启了"自动驾驶"模式——早上起床,穿好衣服去上班,然后开始完成日常任务,并不会想太多。

这是因为,人类的大脑在运作时有一个模式和规则识别系统。大脑每时每刻都在经受大量数据的轰炸。如果每一个细微的数据都需要大脑来进行实时评估,它肯定吃不消。因此,为了解决这个问题,大脑把信息归类成一个个模式或规则,然后以这些高级的数据组为单位进行运作,而忽略掉那些较为低级的细节。举个例子——语言。学习说话或阅读的时候,你要创造字母的模式、单词的模式、句子的模式。随着时间推移,这些模式都建立起来,熟练地加载到你的大脑中。所以此刻你读着这本书的时候,不用停下来思考你在处理什么,你只是把单词和句子组成了可以认知的模式。

大多数时候,我们的默认模式非常实用、有效。这些模式让事情变得简单,特别是完成那些枯燥乏味的任务的时候。早上穿衣服时,你不会有意识地去思考穿衣服的顺序。只要选好了穿什么,你就不用再为穿衣服做出任何决策——自然而然就穿好了。你会自动跟着你的穿衣模式走。同样的例子还有上班模式、刷牙模式等。

如你所料,对于日常工作任务而言,自动化的思维和行为是理想之选,因为这能让我们快速高效地在正确的框架中办事。比如,面对难搞的顾客,我们可能找到了一个绝妙的应对方法,之后的每一次就都能用同样的方法成功搞定这种顾客。遇到同样的问题时,我们就不需要浪费精力重新想办法。这些日常模式能让我们过得不错……但如果想要取得成功呢?

尽管这些预先设置好的行为能节省我们宝贵的时间和精力,但也会导致我们对其他机会视而不见。我们的思维辨识并储存模式后,这些模式就会在我们脑中扎根,难以改变。因此,我们就被困在一条路上走不出来了。

现在,请尝试解决下面的数字任务。

活动　等式

请看下面的等式:

$$2+7-118=129$$

如你所见,这个等式是不成立的。你能不能只添加一条直线,就让等式成立?试试看吧。

答案请见本书第277页。

你找到让等式成立的方法了吗?其实,解决方法不止一个,这是不是出乎你的预料?

这就是日常思维模式的有趣之处。它们会让你认为正确答案只有一个,而且找到答案的理想途径也只有一个。任何挑战都会有无数个可行的解决方法和无数个找到解决方法的途径。如果你在此处挣扎不前,很可能是因为你的思维在不知不觉中受到了"数字解决模式"的影响,让你面对任务时只会从一个方向着手解决。这看上去似乎是个数学问题,但得到答案却要用到视觉信息。你需要把脑中的焦点从数字上移开,转而把问题当作一个整体来看待,这样你就能发现(一个或多个)答案了。

这就清楚地说明——如果想发挥让世界惊叹的创意，有时我们需要打破已有的模式，甚至与它们背道而驰。在创意的世界里，遵循过多的日常模式跟精神失常没什么两样，明确地说，那就是"一次次反复做着同样的事情，还期望获得不同的结果"。随着工作环境快速变化，我们会遇到各种各样的新挑战。所以，我们要让自己的思维"通电"，积极主动地去找到不一样的方式，获取我们想要的结果。因此，发挥创意的真正技巧，就是带着目的去思考。

元认知

元认知对成功创新起到支配性的作用。这个概念一般被理解为"对思考本身进行思考"，但它的意思远不止于此。元认知是人对自己认知过程的控制能力，与一些跟智力相关的研究有关联（Borkowski, Carr 和 Pressely, 1987；Brown, 1987；Sternberg, 1984, 1986a, 1986b）。根据斯滕伯格（Sternberg 1986b：24）的研究，元认知的深层目的是"搞清楚应该如何完成某个特定任务或一系列任务，并确保这一个或者这一系列任务可以正确地完成"。具体的执行流程包括对问题解决方法的规划、评估和监测。斯滕伯格指出，人对认知资源的自我调节能力——比如决定完成任务的方式和时间的能力——是智力的关键（Hendrick, 2014）。

因此，比起其他理解，元认知更应被描述成对自己的思维应用策略，从而获得自己想要的结果的一种行为（Griffths 和 Costi, 2011）。从这个意义上说，元认知表示思维可以到达的最高位置。下面是我在工作坊或会议上常常会向观众提问的一些问题。你分别给出怎样的答案呢？

问：你是否思考过自己的饮食？

问：你是否思考过自己的健康？

问：你是否思考过自己的外表？

问：你是否思考过自己的想法？

如果你跟大部分人一样，那么前三个问题你应该会毫不犹豫地回答"是"。只有被问到最后一个问题时，我们的反应才会比较不一样！理想的情况下，我得到的回答是"有时会思考"，但多半情况下，我只会得到一个干脆利落的"否"。这恰恰就是问题所在——我们几乎不会（如果不是完全不会）思考自己的想法。

对于你生活的其他方面，比如健康和外表，你可能会使用一些策略和方法来管理它们。比如说，你会设计好餐单或者运动计划，来达到理想的体重或理想的健康状态。但我敢打赌（而且敢赌得很大），你几乎不曾这样对待过你的思维。无疑，管理自己的思维跟管理生活的其他方面一样有意义。应用策略很重要，它能帮助你克服那些自然产生的、自动的倾向，不让你屈服于"积极的惰性"。所谓积极的惰性，就是指遇到新威胁时总是用回以前的方法来应对。但是，应用策略之前，你需要先解决掉那些让你陷入旧习惯和旧模式的思维误区。

如果不把思维错误揪出来，它们就会让你的创意思维陷入瘫痪。为了更好地理解这一点，你可以想象自己在正常地跑短跑，两只手和两条腿都可以自由地摆动。然后想象自己跑的时候左手和左腿绑在了一起。你跑的速度是比正常情况慢一半吗？还是比一半还要慢？

答案当然是比一半还要慢得多。尽管你的跑步资源还有一半，也就是一只手和一条腿，但你失去的力量和效率却远远多于50%。甚至可以说你几乎退化了99%，因为你身体的重心发生了巨大的改变，绊倒和摔个狗吃屎的概率会大大增加！这就正如我们尝试采取新策略和新想法时对自己所做的事情那样——我们对自己的思维能力加上了太多限制，结果我们总是停滞不前。

把你的思维置于雷达之下

在我介绍如何扫除思维误区，构建思维策略之前，你要先了解自己和同事是如何做决策的。我们精心设计的"**决策雷达**"剖析工具能帮助你确定自己思维的优势和劣势，让你有一个基本认识，知道应该提高自己的哪方面能力来实现高效思考，并为你和你的团队创造一个稳定的决策环境（见图1-1）。

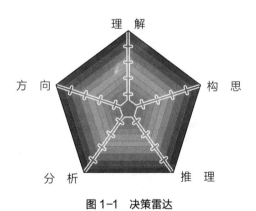

图1-1 决策雷达

该工具包含一系列选择题，从以下五个维度评估你的决策技能。

理解：定义并理解某个问题或挑战的能力。

构思：让你能够形成新想法的生成性思维。

推理：能在头脑中通过良好的判断得出结论，能通过合乎逻辑且客观理智的思考（即你的整体思考习惯）做出正确的决断。

分析：能根据界定好的标准，对不同的选项进行分类、筛选和选择，选出最有可能获得成功的一项。

方向：执行决策并取得成效的能力。

测试时，请根据自己面对各种情况和问题时的处理方式来作答。请诚实作答，不要苦苦思考自己的答案。请留出20分钟左右的时间来完成评估。你可以在 https://decisionradar.opengenius.com/ 上完成"决策雷达"评估。

完成评估后，你将会得到这五个维度的评估分数，每个维度的得分在雷达上都会对应一个相应的颜色。得分越接近绿色（外环）越好，而处于红色范围则表示该部分表现有巨大的改进空间。注意：本书的图片是黑白的，但在屏幕上或者把得分结果打印出来都可以看到用不同颜色显示的决策雷达。你的雷达反映了你在职场环境中做决策的方式，具体的分析示例请见图1-2。

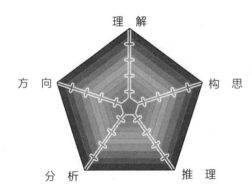

图1-2 决策雷达——分析示例

从上面的示例中，我们可以看到这个测试者在构思（33%）、推理（38%）和方向（34%）三个维度的得分较低，表示他在这三个方面的技能还远远没有得到开发。有了这些信息，测试者就可以知道他们需要特别注意自己思维过程的哪些方面。决策雷达精确地指出你应该在哪些部分做出努力，你在读这本书的时候也就可以多花些时间重点关注这些部分的相关章节。

根据你的评估结果做出行动

根据你的"决策雷达"分析结果，你可以清楚地知道自己思维的优势和劣势，注意到你已经做到了哪些方面，又有哪些方面需要调整。

但是，只是认识你的思维是不够的，你还要知道怎样采取对策提高思维能力。请注意，你的评估结果不是固定不变的。你可以训练你的大脑，反复训练直至获得更好的结果。麦肯锡在2010年发布了一份针对一千多个重大商业投资的研究，结果显示，如果企业在决策过程中能减少偏见带来的影响，获得的投资回报会增长7%（Lovallo和Sibony，2010）。与良好的思维方式一样，对创新的关注也能带来实实在在的成效。根据哈佛商学院教授约翰·科特（John Kotter）和詹姆斯·赫斯克特（James Heskett）历时11年的里程碑式的研究发现，那些能不断适应环境并关注创新的企业实现了756%的净收入增长，而那些不进行创新思考的企业的净收入只增长了1%（Kotter和Heskett，1992）。

请留意"决策雷达"评估结果下方的建议，最大限度地减小你的危险区。接下来的章节会进一步为你介绍相关知识和正确的技巧，帮助你

创意思维手册

抵御这些风险。如果你的工作形式是团队合作，请思考如何在团队中达到更好的平衡，让你可以与团队成员一起实现最创新的想法。读完本书并应用"寻找解决方案"的流程后，请你再做一次测评，看看自己的思维取得了哪些进步。

关键要点

- 无论是在家里还是在工作中，我们都学会依靠日常模式和规则来指导我们的行为，让生活和工作更加高效。遗憾的是，如果我们想要用不同的方式思考，这些旧模式就变得不再有用，例如，旧模式会让我们看问题的角度毫无新意，或者只执着于用舒服、熟悉的方法解决问题。
- 身材变好，身体变健康，这些都不是偶然所得，而是需要策略来实现。同样地，如果你想增加自己的创意空间，产生更好的想法，你的思维也需要策略。
- 元认知不仅仅是"对思维的思考"。它指的是对自己的思维应用策略，从而完成目标的一种行为。
- 完成"决策雷达"测试，获取专属于你的思维分析结果。找出你的优势和劣势，看看应该如何对待这些优缺点。

参考文献

Borkowski, J, Carr, M and Pressely, M (1987) 'Spontaneous' strategy use: perspectives from metacognitive theory, *Intelligence*, 11（1）, pp 61-75

Brown, AL (1987) Metacognition, executive control, self-regulation, and other more mysterious mechanisms, in *Metacognition, Motivation, and Understanding*, ed FE Weinert and RH Kluwe, pp 65-116, Lawrence Erlbaum Associates, Hillsdale, NJ

Griffiths, C and Costi, M (2011) *Grasp the Solution: How to find the best answers to everyday challenges*, Proactive Press, Cardiff

Hendrick, C (2014) [accessed 12 March 2018] Metacognition: An Overview [Blog], *Wellington Learning and Research Centre*, 22 September [Online] http://learning.wellingtoncollege.org.uk/resources/metacognition-an-overview/Kotter, JP and Heskett, JL (1992) *Corporate Culture and Performance*, Free Press, New York

Lovallo, D and Sibony, O (2010) [accessed 21 February 2018] The case for behavioral strategy, *McKinsey Quarterly*, March [Online] www.mckinsey.com/business-functions/strategy-and-corporate-finance/our-insights/the-case-for-behavioral-strategy

Sternberg, RJ (1984) What should intelligence tests test? Implications for a triarchic theory of intelligence for intelligence testing, *Educational Researcher*, 13 (1), pp 5-15

Sternberg, RJ (1986a) Inside intelligence, *American Scientist*, 74 (2), pp 137-143

Sternberg, RJ (1986b) *Intelligence Applied: Understanding and increasing your intellectual skills*, Harcourt Brace Jovanovich, New York

常见思维误区：
选择性思维

如果我们只有唯一一个点子，那便是最危险的点子。

——埃米尔·沙尔捷（Emile Chartier），
法国哲学家

杀死创意和明智的决策

如果你的头脑风暴没有成功,如果你没有获得足够多的想法,或者如果你没有得到那个正确的想法,很有可能是因为你陷入了一种无用或者腐化的模式。大多数情况下,你和你团队里的其他人很可能根本不会察觉这一点。我们的思维能做很多神奇的事情,但在某些情况下也会让我们大失所望。心理学有很多证据显示,我们在做决策或解决问题时,都会出现思维的小故障。行为科学公开承认,我们不仅是有时候不理性,而且我们的不理性是可以预见的。诺贝尔奖获得者丹尼尔·卡内曼(Daniel Kahneman)的一个伟大贡献,就是在他的巨作《思考,快与慢》中为我们揭示了我们的很多思维错误、启发式方法和偏见(Kahneman, 2011)。

在接下来的三章,我会使用练习、提问和游戏来揭示潜藏在你思维里的缺陷,阐明你思维方式中存在的误区。了解不同类型的思维误区后,问问自己是否存在同样或类似的想法或体验。尝试回想起那些由于思维错误导致你无法成功解决问题的时刻。

我们的思维误区通常属于以下三种思维阵营之一。

选择性思维:倾向于认可某些想法而忽视其他想法(例如,偏向我们自己喜欢的想法)。

反应性思维：倾向于对现存的影响、事件或想法做出反应，通常反应过快。

假设性思维：倾向于相信某种信念、惯例或想法，通常是在没有证明的情况下盲目接受（一般基于过往经验或"常识"）。

如果用得合时宜，选择性思维、反应性思维和假设性思维都是很有帮助的思维方式。但如果运用的时机不对——也就是在你需要打开思路、产生绝妙想法的时候使用这三种思维——它们会狂拖你的后腿。举个例子，在求生或避险的时候，快速做出决定至关重要，但是，如果是要做一个重大的战略决策，你需要深入探索各个选项，这时候快速反应就不那么有益了。

就是这个点子！

> 如果我们只有唯一一个点子，那便是最危险的点子。
> ——埃米尔·沙尔捷（Emile Chartier），法国哲学家

如果问我人类思维的哪个方面对头脑风暴和决策过程伤害最大，我肯定会回答选择性思维。当人们想出一个自认为很好的选择或决策时，他们会怎么样？会马上想证明这个选择或决定的合理性。作为人类的我们基本不会想去证明自己是错误的。但是，如果想要在发布新产品或进入新市场时做出正确的决策，寻找驳斥自己的证据跟寻找支持自己的证据同样重要

(甚至更加重要)。如果不充分考虑相反意见,我们很容易做出糟糕的选择,犯下代价高昂的错误,就像相机的滤镜只会让部分光线通过,选择性思维也会让我们立马接受或反对某些想法,判断的依据仅仅是该想法是否符合我们自身的现有范式。

> **案例研究　我们不是为了获取信息而买书**
>
> 　　美国心理学会在 2009 年公布的一份元分析研究评析了多份关于确认偏误(conformation bias,选择性思维的一种形式)的研究报告。研究结果显示,人们寻找信息支持自己现有观点的可能性,是寻找信息反驳自己现有观点的可能性的将近 2 倍(Hart 等人,2009)。
>
> 　　想一想,我们会选择读什么书?——我们认同的人写的书。在 2008 年美国总统选举时,orgnet 网站的瓦尔迪斯·克雷布斯(Valdis Krebs)分析了亚马逊的购书趋势。他发现,那些展示奥巴马正面形象的书的购买者正是支持奥巴马的人,而相应的,不喜欢奥巴马的人则会购买那些展示奥巴马负面形象的书(McRaney,2010)。克雷布斯的研究让我们注意到一个有趣的真相——我们不是为了获取信息而买书,我们是为了确认信息而买书。

我们会受困于不同类型的选择性思维。

选择性注意:你只看到自己期望看到的东西。看足球比赛时,你是不是总是觉得裁判对你支持的队伍有偏见?

选择性记忆:你只会记得你想记得的事情。我们的记忆力比我们想象得要差。你是否注意过两个人回想同一件事时的叙述可以很不一样?

你:"还记得去年我们到海边的那次美好的公路旅行吗?"

你的同伴:"哦,你说那次旅行?那可不美好,那次太糟了⋯⋯"

你们可以为了谁对谁错而争个你死我活,但其实你们俩对那件事的回忆都是选择性的。

选择性观察:你只会接受支持你立场的那部分信息,无视相反的观点。简单点说,你"爱喜不爱忧"。带有选择性观察时,只要你肯花足够长的时间去证明,就总能证明你想要的一切。医生、会计师和政治家比较容易陷入这种过程。

束缚思维的偏见

选择性思维可以以无数种方式悄悄混入我们的大脑,扰乱我们的判断,阻止我们发挥创意。

1. 忽视事实

选择性思维的一个主要标志就是忽视近在眼前的证据。20世纪20年代以前,美国60%以上的汽车以及全球超过一半的汽车都由福特汽车公司生产。亨利·福特(Henry Ford)的T型车大获成功——这是一款为普通百姓设计的车型,也似乎有着自己的个性。但是,随着20世纪20年代的发展,消费者的要求和期待开始发生变化。消费者有了更多的钱和闲暇时间,对他们来说,汽车不再单纯地作为从A地前往B地的工具,也是一种身份地位的象征。种种证据都表明了当时的这种变化:消费者想要汽车拥有更多颜色、更多种类和更多定制化服务。然而，亨利否定了这些变化。他太爱自己的产品，于是选择无视事实，忽略市场变化（Tedlow, 2010）。实际上，亨利有一句名言："只要汽车是黑色的，所有顾客都可以把它刷成自己想要的任何颜色。"他还坚持压低成本和售价，只提供有限的汽车特性。1924至1925年间，汽车市场不断增长，但福特的市场份额却从54%下降到了45%。更甚的是，1926年，一位高管勇敢地向亨利递交了长达7页的报告说明形势之严峻，却遭到了亨利的解雇。

与此同时，通用汽车的发展势如破竹——它为顾客新增了汽车的颜色和性能。此外，通用还向顾客提供信贷，让他们不仅买得起车，还能随着年龄和收入的增加选择产品线上不同价位的车型。与福特公司的"万用车型"战略不同，通用汽车采取的战略是"让每个人都买得起车，买到自己想要的车"。

亨利·福特的盲目源于他对顾客需求的确信，以及对自己的产品和想法的迷恋。最后，他不得不关停主车间将近一年，对车型进行重组和重新设计。这为通用汽车成为市场领导者扫清了道路，也让克莱斯勒得以开辟市场。尽管之后带着新的A型车回归，但福特公司再也没能重夺当年的市场优势。

2. "正确"答案

让我们来再做一个练习。

> **活动　放开木块**
>
> 　　下图有一个人手举着一个木块。如果这个人放开手，你觉得木块会怎么样呢？
>
>
>
> 图 2-1　举着木块的人
>
> 答案请见本书第 278 页。
>
> 你回答得怎么样？
>
> 　　可以预测，大多数人的答案都是木块会掉落到地上。根据万有引力定律，这个答案是正确、恰当的。但这不是唯一的答案（Brainstorming. co. uk, 2011）。这道题说明了我们有多么容易基于既有知识得出最明显的答案，然后忽略其他不"合适"的可能性。

　　在"放开木块"练习中，我们可以看到选择性思维是如何阻止我们找到答案后继续思考的。这并没有什么奇怪——这很正常。多年来，我们的教育体系和工作环境都旨在教育我们找到一个正确答案、一个关键想法或提案，却没有人教我们怎样探索更多可能性，用创意解决问题。这种单一答案思维已经在我们的思维过程中根深蒂固。然而，这并不符合生活和商业的现实。大多数情况都不会只有一个正确答案。在上面的活动中，每个答案都可以成立——只是取决于你怎么看而已。商业决策也是一样的，正确答案有很多，但我们却只倾向于找到最符合我们观点的那一个"确切答案"。这会使我们失去灵活性，导致我们在不断变化的世界中无法获得成功的机会。在高速发展的当今社会，所有正确的想法最终都可能变成错误的想法！

3. 迷恋"钟爱的想法"

正如不应该止步于一个答案，你也得小心不要过分迷恋自己钟爱的那个想法。这指的是你在头脑风暴中早早想到的那个绝妙的"天才"想法，在接下来的决策过程中一直死死坚持这个想法，哪怕它放到全局中看已经不再明智。

为什么这会威胁到你的创造力，应该也不需要我多作解释。无论是直觉、方案、产品还是战略，一旦你沉迷于脑海里冒出的第一个绝妙想法，你很难再看到其他的答案。这样一来，你的整个创意过程不再具有活力，变得一厢情愿。你的思维不会再自由驰骋，只会困在那个你不肯放手的想法当中。

将近一个世纪，柯达都是相机商业化最成功的公司，没有之一。柯达的突破性产品包括布朗尼照相机（1900 年）、柯达克罗姆彩色胶卷和操控简单的傻瓜相机（Instamatic）。让柯达无法想象的是，其竞争产品——新型数码相机会如此迅猛地霸占市场。在柯达迷恋并坚持生产自家的胶卷式产品的同时，数码摄影、数码打印、软件、文件共享、第三方应用程序等技术和产品却在彻底改变市场。后来的柯达也尝试扩张业务，如制药、记忆芯片、医疗影像和档案管理等，但却再也无法重返昔日辉煌。比起

1997年的巅峰时期，柯达2010年的股价下降了96%（Newman，2010）。

柯达也犯了过分迷恋"钟爱想法"的典型错误——过分迷恋胶卷产品。这对他们来说是一记重挫，因为他们看不到更加可行的其他可能性。但这并不是说你要因此无视自己喜欢的想法，只是你要先充分探索和调查，确保它是那个对的想法。

4. 被期望欺骗

尝试完成以下活动。

> **活动　我爱巴黎**
>
> 请看以下图片：
>
>
>
> 图2-2　我爱巴黎
>
> 这句话是什么，"我爱春天的巴黎"？
> 是吗？
> 还是"我爱春天的的巴黎"。
> 你的大脑并没有期望会看到两次"的"字，于是就跳过了。看，你被你自己的期望欺骗了。

选择性思维与我们的期望相关——我们只看到我们期待看到的东西。荷兰恩斯赫德特文特大学的利德维恩·范·德·魏格特（Lidwien van de Wijngaert）和他在乌德勒支大学的伙伴为此做了一项有趣的研究（Simonite，2009）。他向60名受试者在同一部标清电视上播放相同的视频片段。播放前，他告诉其中一半的受试者，由于高清（HD）技术的发展，他们等下会看到更加清晰可辨的画面。他还通过张贴海报、分发传单、为屏幕连上粗一点的电缆等方式营造出这是高清电视的错觉。而另一半受试者则被如实告知等会儿会看到的是正常的DVD画面。实验完成后，60名受试者都填写了调查问卷。

看看结果！被引导认为自己看了高清电视的人在问卷中表示自己看到了更高画质的图像。他们完全不知道自己看到的只是由传统电视机播放的画面。在这项研究中，利德维恩·范·德·魏格特证明了："受试者并不能正确分辨数字信号和高清信号。"他们只看到了自己期望看到的清晰度！这个例子再次证明，选择性思维会让你的视野也具有选择性。

5. 损失规避

准备好完成下一个快速测试了吗？

活动　抛硬币

想象我要跟你玩抛硬币赌正反面的游戏。如果你输了，你得给我100英镑。要是你赢了，你觉得你最少得赢多少钱才能让这个赌局有足够的吸引力？

> 很显然，合理的答案应该是100英镑以上。但如果你是一个风险中性的人，你的回答应该是100英镑，不多也不少。行为金融专家詹姆斯·蒙泰尔（James Montier）以美元为单位对600位基金经理做了这个测试，结果得到的回答普遍都高于100美元，平均金额则是200美元多一点（Montier，2010）。这揭露了一个真相：基金经理认为，他们赢的钱得是输的钱的2倍，这个赌局才值得去赌。

总的来说，人们对损失的厌恶程度是取得同等收获的愉快程度的2倍到2.5倍。这个概念被称为"损失规避"，最早由行为经济学家丹尼尔·卡内曼（Daniel Kahneman）和阿莫斯·特沃斯基（Amos Tversky）于1979年提出。损失规避可以解释很多奇怪的现象，例如威胁为什么常常取代机遇影响我们的动机，为什么我们总是很难卖掉已经失去价值的资产，以及为什么我们大部分时间什么都不做。因为在心理上，"收获"为我们带来的满足比不上"损失"带来的痛苦，因此我们宁愿不作为，也不愿采取行动。

在商业环境中，损失规避总是突然出现。改变组织现状通常会带来一定程度的收获和损失。而我们的问题是，选择性思维常常使我们把心里的天平倒向对负面因素的规避。我们把当前的基准（或者现状）看成参考点，任何偏离基准的变化都被我们视为损失。

新情况看上去总是冒险的。如果想要开创事业，就得面对原本可预估的稳定收入会遭受损失的可能性，这会让大多数人从一开始就不想迈出第一步。跟确认偏误一样，损失规避也是一种选择性思维陷阱。它会让你牢牢"粘在"自己原本停留之处……什么也不做，哪儿也不去。检查一下你的习惯，损失规避是否阻止了你积极寻找和创造机会？你是否会夸大某些创新举措的风险，而低估了它们的好处？

> **关键要点**
>
> **选择性思维**——你更关注那些支持你原本就相信或希望相信的事情的信息，同时无视那些质疑你当前想法的信息。这种思维误区会让你：
> - 否定以及忽视显而易见的事实。避免提出棘手的问题，无视那些会给你喜爱的想法或理论带来考验的新信息（确认偏误）。
> - 一找到第一个"正确"答案就停止思考。错过一旦多花点心思就能发现更多答案的机会。
> - 过于迷恋自己钟爱的想法，即便它们并不是那么好。
> - 被自己的期望所欺骗。基于自己的期待去理解未来——却被实际情况杀个措手不及！
> - 由于害怕损失而不愿冒险（损失规避）。你不受可能获得的收益所驱，而更担心可能遭受的损失。由此，你会避开激动人心的机遇，拒绝创新性意见。

参考文献

Brainstorming.co.uk（2011）［accessed 23 February 2018］Creative Thinking Puzzle 2 — the 'Drop the Block' Problem, *Infinite Innovations*［Online］http://www.brainstorming.co.uk/puzzles/dropblock.html

Hart, W, Albarraccin, D, Eagly, AH *et al*（2009）Feeling validated versus beingcorrect: a meta-analysis of selective exposure to information, *Psychological Bulletin*, 135（4）, pp 555–88

Kahneman, D (2011) *Thinking, Fast and Slow*, Allen Lane, London

Montier, J (2010) *The Little Book of Behavioural Investing: How not to be your own worst enemy*, John Wiley & Sons, Hoboken, NJ

McRaney, D (2010) [accessed 23 February 2018] Confirmation Bias, *You Are Not So Smart*, 23 June [Online] https://youarenotsosmart.com/2010/06/23/confirmation-bias

Newman, R (2010) [accessed 26 February 2018] 10 Great Companies That Lost Their Edge, *US News*, 19 August [Online] https://money.usnews.com/money/blogs/flowchart/2010/08/19/10-great-companies-that-lost-their-edge

Simonite, T (2009) [accessed 23 February 2018] Think Yourself a Better Picture, *New Scientist*, 7 October [Online] https://www.newscientist.com/article/dn17930-think-yourself-a-better-picture/

Tedlow, RS (2010) *Denial: Why business leaders fail to look facts in the face—and what to do about it*, Penguin, New York

03

常见思维误区:
反应性思维

信息超载是一个征兆,表示我们不想去关注重点。它是一种选择。

——布莱恩·索利斯(Brian Solis),
美国行业分析师

快，我们来做点事情！呼应本章主题，让我们直接做个练习。

活动　认知反射测试

回答下列三个问题：

1. 一只蝙蝠和一个球加起来要 1.1 英镑，已知蝙蝠的价格比球高 1 英镑，那么球是多少钱？

2. 如果 5 台机器生产 5 个零件需用时 5 分钟，那么 100 台机器生产 100 个零件需要多久？

3. 湖里有一片睡莲。睡莲的面积每天增加一倍。如果睡莲覆盖满整个湖面一共用了 48 天，那么覆盖半个湖面用了多长时间？

你觉得这几个问题怎么样？挺简单的？还是有点难？

在给出答案之前，我想先告诉你一个有趣的结果：在 3500 个接受测试的人当中，只有 17% 的人三道题都回答正确，更惊人的是，33% 的人三道题全错。当中的原因很清楚。每道题都有一个显而易见却错误的答案，而正确答案并没有那么明显易得。

先看第 1 题。立马能得出的明显的答案应该是 0.1 英镑。你得到的也是这个答案吗？如果是的话，你还没思考得足够久和深入。正确答案应该是 0.05 英镑。花一点时间你就能算出来。既然蝙蝠比球贵 1 英镑，那我们先把这 1 英镑从总价中移除，得到等式：£1.10-£1.00 = £0.10。由于我们有两件商品（蝙蝠和球），所以把这 0.1 英镑平均分成两份，每份就是 0.05 英镑。如果球是 0.1 英镑，那么蝙蝠只可能比球贵 0.9 英镑，而不是 1 英镑。因此，正确答案应该是蝙蝠 1.05 英镑，球 0.05 英镑。换个角度看，就是：£1.10-£0.05 = £1.05。1.05 英镑刚好比 0.05 英镑多 1 英镑。

对于第 2 题，人们的第一反应通常是 100 分钟。仔细阅读题目，你就会发现，如果 5 台机器生产 5 个零件需用时 5 分钟，那么这种机器的生产能力就是每台机器每 5 分钟能生产 1 个零件。因此，正确答案应该是 100 台机器生产 100 个零件需时 5 分钟。

最后是第 3 题。大部分人会回答 24 天（48 天的一半）。但仔细想想看，如果睡莲的面积每天都比前一天增长一倍，那么覆盖满整个湖面的前一天就肯定已经覆盖了湖的一半。因此，正确答案应该是 47 天。

这三道题的测试是耶鲁大学教授谢恩·弗雷德里克（Shane Frederick，之前在麻省理工学院——MIT 任职）设计的认知反射测试（CRT），用于测试你的主导思维过程是以下哪一种：是情绪化的反应性过程，还是有意识和沉思的逻辑性过程（Frederick, 2005）。尽管看上去很简单，但这项测试比任何智商测试或 SAT 考试更能准确地反映出你的主导思维。从错误答案的数量可以看出，我们当中很大一部分人做决策时都倾向于走"快速低劣"的心理捷径，而不是用一个更慢、更谨慎、更理性的方式处理信息。

创意思维手册

系统一 vs 系统二

诺贝尔心理学奖获得者丹尼尔·卡内曼（2011）认为，决定我们思考和决策方式的认知系统有两个。系统一更快、更基于本能和情绪；系统二更慢、更深思熟虑、更有条理。

系统一是我们的默认选择，因此所有信息会先来到系统一进行处理。这里的信息处理是自动且不费力的，大脑利用心理捷径（启发式方法）、关键情景特征、关联想法和记忆等同时处理成千上万的信息。这种处理的速度极快，给出的答案近乎正确（而非绝对正确）。探测出一个物体比另一个物体更远、完成"面包和_____"之类的俚语填空，这些都是系统一在大脑中活跃的例子。你可能也已经发现，处理熟悉的情境而且时间紧迫、需要马上做出行动时，系统一特别有帮助。

系统二则有纪律得多，在解决问题时尝试使用按部就班的演绎式方法。它可以让我们处理复杂或抽象的概念、提前做计划、认真考虑各种选择，以及根据新信息对事情进行审查和调整。正如其他任何逻辑过程，系统二处理信息时需要深思熟虑，一次只能处理一个步骤，所以它速度更慢但却精确得多。例如，你在狭窄的地方停车，或者填写纳税申请表时，就是系统二在起作用。总的来说，它帮助你处理不熟悉或高风险的情况，解决问题的时间更长。系统二的好处还在于，如果它探测到你的本能反应出了错，可以修正或推翻系统一做出的自动判断。

区分清楚反应性思维（系统一）和主动式思维（系统二）对我们很

有帮助。我们大多数人认为自己做决定时是有意识地在推理（系统二）。实际上，尽管我们不想承认，但我们的大部分行动都是通过系统一完成的。我们面对事件、任务或外界影响时通常会迅速做出反应，按照预先制定好的方法解决问题，而不是去深入思考。

想一想，你每天早上开始工作时第一件事会做什么？跟大多数人一样，你可能会查看邮件。然后呢？你马上开始打字，回复重要邮件，也就是说，你会以快速回应面前的事情开始新的一天。

像机器人回应指令一般处理邮件意味着你没有给自己足够的时间去把事情想清楚、去收集更多信息、去让你回复的方式更加创新或灵活。这证明了我们在大多数情况下总是相信自己的第一反应，只是偶尔引入系统二来审视我们的决定。系统二只在大脑的隐蔽处低速运行，除非我们决定把它"叫过来"。在开会或小组进行头脑风暴时，反应性思维的巨大隐患就会显现。与他人一起工作时，请小心提防反应式语言和草率的判断（见表3-1）。

表3-1 提防反应式语言

反应式	主动式
我必须……	我更希望……
我不得不……	我有其他选择……
我们总是这样做……	我们可以这样做，也可以……
如果……就好了	我会……
我不能……	我可以选择……
我什么都不能做……	我可以看看另外的选择……

> **案例研究　Snapchat（色拉布）　面对草率判断**
>
> 斯坦福大学的两位学生伊万·斯皮格尔（Evan Spiegel）和鲍比·墨菲（Bobby Murphy）首次提出限时照片分享程序的想法时，立马遭到了嘲笑。万幸的是，他们没有被其他学生的负面反应吓倒，而是继续按照自己的想法前进。两年后，Snapchat 的估价已经达到 30 亿美元（McKeown, 2014）。

对速度的需求

的确，反应式机能非常有用，它可以让我们日常工作的效率大大提高。在现在这个时代，大多数人都忙疯了。我们需要反应性思维（系统一）来担任"自动驾驶"，帮助我们找到快速高效的捷径，完成一个接一个的日常模式。它能很好地帮我们完成生活中有规律的日常事务，也让我们在时间压力大的时候能够快速处理状况。用被动反应的方式进行思考为我们节省了（我们非常需要的）精力，得以腾出更多宝贵的时间去做其他事情。

但问题又来了。我们当前处于"永远在线"的数字文化时代，面对着飘忽不定的经济发展，我们觉得有必要以越来越快的节奏过日子。每天，我们一个任务接一个任务地跑，把日程安排得满满当当。有那么多的最后期限要赶，那么多的邮件要处理，那么多职责要完成，那么多电话要接，那么多会要开——难怪我们都累疯了！我们很容易会以为忙就是高产，以为事情一来马上处理就是取得重大进展。但是赶着完成任务的同时，我们没有给任务足够的关注，没进行该有的深入思考，这对创造力来说是致命的。为了达到最佳表现，我们需要积极主动，而不是被动反应。没有人能否认迅速反应在商业中的必要性，但我们也必须注意其中的危害。

> **你知道吗？**
>
> 全天候工作而不进行任何休息，会使你的生产力和专注力降低75%（Ciotti，2012）。

请思考下面这个问题：

假设你在跑马拉松，如果你大部分时间都在全力冲刺，你的效率会如何？

除非你有惊人的超强运动能力，否则你很快就会累垮。如果你一路都以短跑的速度去跑马拉松，而且中途完全不休息，很可能还没到半程你就已经"没电"了。这个道理放在商业中也是一样的。如果你把全部精力都用在全天候"监控收件箱"或者处理每一个短期危机，用不了多久你的生产力就会大幅下降。速度在某些时候很重要，但如果在错误的时间，速度太快反而会阻碍我们前进。

表现心理学家托尼·施瓦茨（Tony Schwartz）指出，如果人们一整天不间断工作，没有休息和放松，他们很容易头昏脑涨，失去专注力。具体来说，他们的实际产出只能达到当天潜在产出总量的25%（Ciotti，2012）。生活（和商业）就像马拉松，但这场马拉松由一系列短跑组成。

虽然不断奔跑可能让你感到自己跑在前头,但实际上,你很可能只是卡在同一个地方,办着不重要的差事。人类的使命并不是要长时间不停地快速奔跑——让自己不时休息一下,恢复能量,能让你有时间为最关键的项目酝酿想法,并且提高长期的可持续生产力。让你的工作遵循冲刺——休息、冲刺——休息、再冲刺……的节奏,不仅能提升精力,还能提升你的灵感。所以,请在你的日程表上留出空闲时间,去参加那些必须参加的重要"会议"——你跟你自己的"会议"。

最激烈的时刻

反应性思维通常伴随着系统漏洞,其中一些可能会导致彻头彻尾的危险。下面描述的问题你应该不会感到陌生。

1. 先发劣势

快速问答时间。你本来位列第三名,后来超过了第二名,那么你现在是第几名?

如果你回答的是"第一名",再想一想。你应该是第二名!

这就引出了另一个更复杂的问题:当第一名比较好,还是当一个速度快的第二名更好?

通常都说,生产某种新产品或占据某个新市场的第一家公司比后来者具有天然的竞争优势。你是否听说过**先发优势**?优先到达战场,

第一部分 探索你的思维

我们可以树立自己在某个领域的先导地位，给竞争者设置障碍。这就是系统一教我们思考和做事的方式——趁想法或机会还热乎的时候快速采取行动，但先发优势的概念其实是谬见而非现实。事实上，优先发布新产品或带来行业突破是一场巨大且昂贵的冒险。你要很努力地教育消费者，让他们接受你的创新，也得努力争取供应、品牌和营销上的有利条件。而在你努力的时候，你也让竞争者得以吸取你的经验教训来提高自身表现。

有大量例子可以证明，先发者极有可能不是实际引领市场的那一个。例如，微软在 2001 年首先推出平板电脑，但却因为近年来苹果推出的 iPad 和其他产品而变得黯然失色。搜索引擎的首创者是 Overtrue（现在是雅虎的子公司），但现在已经远远落后于无处不在的谷歌。最早的社交网站 Friendster 创立于 2002 年，但后来只能仰视更受欢迎的脸书和推特。第一个一次性尿布（纸尿裤）品牌并不是宝洁的帮宝适，而是一个叫"恰克斯"（Chux）的牌子（由强生研发）。1908 年，由两片黑色脆饼和白色的奶油夹馅组成的 Hydrox 夹心饼干问世，比奥利奥的出现还要早 4 年，但是现在具有标志性地位的却是奥利奥。

成为"第一"并不能确保成功。先发者常常在还没有充分考虑市场情况、顾客问题和反对意见的情况下过早发布产品，这些产品的特性一般只处于平均水平，不是出色的产品。如果这种对第一的争夺是建立在猜测和折中之上，那成为市场先发者的危害是毁灭性的。记住，商业是一场由一系列短跑组成的马拉松，不是一次性的冲刺，所以请放慢脚步，休息一下：

- 面对绝妙的机遇、事件或想法，先多想想再采取行动。

- 开启系统二，留足时间充分考虑你的各个选项，得出合情合理的结论。
- 多给点耐心，确保你的产品、推广、价格和地点做了正确的结合。

谷歌、苹果等都证明了，有时候做速度快的第二名是更好的选择。

2. 谁把狗放出来了？

一个奇怪的现象是，让我们想成为先发者的冲动跟让我们想去抄袭别人的冲动是一样的。这里可以做一个简单的类比。一只狗先吠起来，很快周围的狗全部都在吠。竞争激烈的商业世界也是这样运作的。某公司一推出新的产品或管理方案，其他公司立刻纷纷效仿。这里不是说模仿别人有错，上一节已经说明速度快的第二可以比先行者收获更大。但是，这只有在这个第二花时间深思熟虑过后才有可能发生。

我们常常盲目效仿别人的做法——比如买下一件衣服仅仅是因为它是当季爆款，而不是因为它适合我们或者满足我们的需求。我们做决策时缺乏一个有意识的思考过程。同样地，面对小问题时，我们就试图立马解决，这就是典型的"战斗或逃跑"（fight or flight）反应。我们的应对方式是战术性而不是战略性的，我们的目光是短浅而非长远的。

从这个角度来看，我们很难以任何一种计划的方式实现创新，因为我们的精力和资源都用在应对其他对手在忙的事情身上了。这是一个永无休止的问题——反应循环（reaction loop）。

3. 不，客户并非永远是对的

营销部门和公关部门通常没有反应性思维的概念。很多公司深信并且遵循的传统原则要么就是"听客户的话"，要么就是"客户永远是对的"。理解客户动机和客户行为背后的原因，这当然很重要——如果想要提供一流的客户服务，对产品做出符合客户期望、受到客户青睐的改进，当然得听取客户意见，了解他们的问题。但是，虔诚地坚守这个原则可能带来严重的后果，因为这让你一直锁定在反应模式当中。

每年，各个企业都花费大量金钱去了解客户需求，以加快创新，超越竞争对手，但这个过程充满风险。通常情况下，客户调研都做得不怎么样，几乎不曾带来成熟的突破性创新。我们都知道，很多产品在推出前都经过大量的消费者调查，然而有些在市场上却经历了惨败。还记得新可乐的那次彻底的失败吗？

> **案例研究　新可乐的噩梦**
>
> 关于新产品或新想法的客户调查和问卷常常以失败告终。面对越来越受欢迎的百事可乐，可口可乐公司在1985年推出了"新可乐"，结果搬起石头砸了自己的脚。可口可乐进行了各种形式的消费者调研，包括试饮测试、调查和焦点小组访谈，结果都显示大家喜欢这个新配方。所有试饮者都说，新可乐不仅比老版可口可乐好喝，而且比百事可乐更好喝。然而，尽管整个消费者调研过程投入了大量时间、金钱和技术，却没能发现人们对老版配方的深厚感情。当新可乐推出市场，老版可乐下架，客户纷纷表示震怒，因为他们深深喜爱的牌子居然变味了。不用说，新可乐完全没有取得预想中的销售表现，结果十分惨痛。可口可乐及时做出明智的决定，重新把老版可乐作为

> "经典可乐"重新推出市场，终于重新占据市场领先地位。可口可乐公司总裁唐纳德·基奥（Donald R Keough）承认："我们之前并不了解这么多客户对可口可乐有如此深厚的感情。"（Ross, 2005）
>
> 可口可乐的案例告诉我们：客户嘴上说喜欢的，不一定是他们实际会买的。

如今，企业会询问客户他们想要在产品中看到什么特性，然后往产品中优先添加这些特性，这已经是一件约定俗成的事了。这当然没错。为了让产品得到良好、可靠、提升利润的改进，咨询客户非常重要。OpenGenius 升级软件时，对于更新版本可能具备的特性，我们都会先听听客户怎么说，根据客户意见进行衡量。但听取客户意见的问题在于，如果连他们自己都没意识到自己有某个需求，就更不可能告诉你了。而且，客户一般都不会承认自己愿意为高端产品多付钱。

近年来最成功的产品和服务很多都不是根据客户调查或众包⊖网站建议的直接反应得来的。这些成功源于坚定的创新者的先见之明和主动出击。First Direct（第一直通，英国著名网络银行）就是一个很好的例子。它于 1989 年如风暴般进入银行市场，是英国第一家提供 7 天 24 小时全天候电话银行服务的公司。意识到人们没有时间亲自去到银行网点，而且年轻客户希望更好更灵活地管理财务，First Direct 应运而生（Gower, 2015）。在它出现之前，要办理银行业务就只能亲自去街上的网点排队，到柜台办理。First Direct 是一次勇敢的尝试，一开始遭到竞争银行、金融

⊖ 译者注：众包，把传统上由组织内部员工或外部承包商所做的工作外包给一些没有清晰界限的个人或群体去做的模式。

服务专家和媒体的嘲讽。鉴于零售银行业的方式已经根深蒂固，持怀疑态度的人无法理解，银行网点的面对面客户服务能怎样被取代。First Direct 发现了连客户自己都没有意识到的需求。直到客户体验过电话银行的便利，才发现这就是他们想要的服务。如今，网上银行也已经出现，很难想象以前居然只有亲自到当地网点这一种方法可以办理银行业务。领跑行业 29 年，First Direct 一路笑傲江湖，目前拥有 137 万客户和令人艳羡的客户满意度数据。2017 年，在消费者组织"Which?"发起的民意调查中，First Direct 再次荣登"客户服务最佳品牌"的榜首（Ingrams, 2017）。

> **案例研究　脸书无视客户意见**
>
> 　　另一个使用非反应性思维的例子是社交网站脸书。它并不是为了满足显而易见的客户需求而生。在它出现以前，领英（LinkedIn）和聚友网（MySpace）已经在市场上十分活跃，这时又来了一个新的社交网站似乎不足为道。但看看发生了什么：脸书不断发展，取得了空前的成功。报告显示，2017 年第 4 季度，其月度活跃用户量达到 22 亿，是全球最受欢迎的社交网站（Statista, 2018）。
>
> 　　无视客户意见是脸书十分擅长的事情。由于常常做出没人想要的改变惹客户不高兴，脸书经常上新闻。例如，它把个人资料改成了"时间线"的形式。采纳客户的建议对于脸书来说简直是千载难逢。脸书的创始人马克·扎克伯格（Mark Zuckerberg）甚至表示过："最具颠覆性的公司不会去听客户的话。"（Thomas, 2009）想想看，如果脸书听了客户的话，我们最终只会看到一个隐私设置严格、没有广告、功能烦琐、不那么"社交"的难用的社交工具。

创意思维手册

　　如果 First Direct 和脸书要靠客户亲自告诉他们客户有什么需求和渴望，那么这两家公司很可能只会是行业的追随者，而不是引领者。但我也得警告你——不要完全无视你的客户。如果你发布了一个突破性创新（比如新产品或新服务），你也知道竞争对手肯定很快就会跟随你的步伐，要一直跑在前头，唯一的方法就是持续创新和不断改进，一直让客户满意。因此，请你认真留意客户到底需要什么、想要什么，但不要听他们怎么说，而是要看他们实际怎么做。比起客户口中说的话，他们的行为更能为你的决策提供具体的参考信息。

　　不管你的产品或服务是什么，让客户检验你的成果对你来说都是有好处的。检验的环境可以是可用性实验室，也可以是客户自己的地方。有时候，你自己引以为傲的巧径或概念，客户可能觉得并没有什么用。又或者，你以为非常浅显的使用步骤，客户却难以理解和掌握。看看客户怎么使用你的产品，可以让你根据客户真正的需求重设目标，专注于解决客户真正的问题（Berkun，1999）。"穿着客户的鞋子走走看"是一种谦逊的体验，能让你的思维向积极主动的方向转变，对你的产品或服务做出更好的决定。

信息使你负荷过大

> 信息超载是一个征兆，表示我们不想去关注重点。它是一种选择。
> ——布莱恩·索利斯（Brian Solis），美国行业分析师

　　请试试动手解决下面这个打乱字母的问题。

第一部分 探索你的思维

> **活动　打乱的字母**
>
> 1. SSUEPVEERNMALRTKRTEST
>
> 在上面这串字母中划掉 10 个字母，用剩下的 11 个字母组成一个常见的英语单词。请按照正确的字母顺序拼出这个单词。
>
> 2. SBAIXNLETATNERSA
>
> 用同样的方法划掉字母，但这次只划掉 6 个字母，把剩余的字母拼出一个常见的单词，注意拼的时候不能改变它们在这个字母串中的顺序。
>
> 答案请见本书第 280 页。
>
> 这道题对你来说简单吗？如果觉得简单，说明你能很好地抵挡视觉噪声（visual noise）的干扰，找出问题的核心。那之后发现正确答案就不是什么难事了。

是好事，但太多了？

信息是个美妙的东西。商业人士在寻找新想法、新方案和支撑决策的新思路时，信息是灵感的巨大来源。我们现在可以获取的信息量之多前所未有。由于数字时代的惊人发展，我们周围有着 7 天 24 小时全天候、"随你看到饱"的巨大信息量。大多数情况下，这都是一件天大的好事，因为我们随时都可以获取想知道的信息。但我们很多人在工作中也会渐渐发现，这好事可能太多了。我们有太多网页要浏览，太多通知和报告要读，太多链接要点开，太多视频要看，太多新动态要关注……别忘了邮箱里还有那么多邮件等着你处理。大量数据如洪水般不停袭来，"信息超载"轰炸着我们的大脑，令我们难以集中注意力。根据英国广告从业者协会（IPA）在 2017 年的接触点报告，英国成年人每天有 8 个小时都在使用某

种媒体（IPA，2017）。也就是说，我们醒着的时候有一半的时间都在接收信息，特别是电子信息。

> **数据　每分钟发生着什么？**
>
> - 15,220,700 条短信发出
> - 3,607,080 次谷歌搜索请求
> - 456,000 条推文在推特上发布
> - 154,200 次 Skype 通话
> - 4,146,600 次 YouTube 视频播放量
> - 527,760 张照片在 Snapchat 上分享
> - 103,447,520 条垃圾邮件发出
> - 69,444 小时的视频在 Netflix 上播放
> - 74,220 篇博文在 Tumblr 上发布
> - 600 个新页面在维基百科上编辑
> - 13 首新歌在 Spotify 上添加
> - 46,740 张照片在 Instagram 上发布
> - 120 多个新用户在领英（LinkedIn）上创建
> - 258,751 美元的销售额在亚马逊达成
>
> 资料来源：营销数据公司 Domo 于 2017 年整理的信息，https://www.domo.com/learn/data-never-sleeps-5

淹死在数据之中

信息大量入侵所带来的后果令人担忧。无穷无尽的数据涌入我们的头脑，带走了我们的专注力和资源，无法将它们用在需要之处——

我们"真正"的工作那里。我们被信息轰炸的时候，会感受到得马上处理信息的压力——反应性地思考。然后会发生什么呢？因为没有花时间理性客观地分析信息，我们会做出错误的决策。更糟糕的是，信息超载会摧毁你想出新点子的能力。吃力地处理完信息也花掉了我们的时间，占用了我们的思考空间，我们已经没什么精力再进行创意思考了。为了找到你最想要的关键信息，你浪费了多少时间在搜索大量的无用数据之上？

知识工作者的一天

25%—信息超载

19%—创造内容

19%—阅读内容

17%—会议/打电话/社交互动

10%—搜索和研究

5%—私人时间

5%—思考和反思

资料来源：Basex survey fndings（2010），http://www.basexblog.com/2010/11/04/our-fndings/

在一天的工作中，你获取的每一点信息有以下三种处理选择：

选项1，马上答复；

选项2，把它纳入紧急决策的考虑因素；

选项3，完全无视。

创意思维手册

　　为了处理轰炸着你的所有信息,你的大脑本能地会选择选项 1。快速自动地回复信息会使你的大脑变得亢奋,即便做的决定是错误的,它也还是会这样应答。这是因为涌入的信息越多,你的大脑就越不知道哪些信息该留着以后参考,哪些信息可以扔掉。你的工作记忆(也叫短时记忆)只能储存 7 项左右的信息;在那之后,大脑要有意识地努力计算哪些信息可以进入你的长期记忆——就像准备考试努力复习那样。反应性思维能帮助你迅速判断,但正如我们之前说的那样,快速的决定通常不是最好的决定。如果你眼前的任务需要你完全专注,你最好尽可能扔开那些多余的信息或让你分心的事情。让自己看待事情的过程变得简单点,就更有可能收获创意的灵感,营造出一个好的环境让自己做出正确的选择。

> **案例研究　宜家的设计思维**
>
> 　　瑞典 DIY 家具现象级品牌宜家打破了反应性思维模式,对大多数人觉得过于烦琐的购物流程进行了简化,一夜之间大幅提高了店铺的销量和利润(Hurson, 2008)。宜家没有采用常见的路线,通过传统专卖店进行销售,而是引入了家具超市的概念,让消费者可以自由地选购时尚家具。顾客走进宜家,就可以推着购物车开始逛家具了。里面迷宫一样的走道都是经过精心设计的,十分人性化,人们很容易就能找到自己想要的商品放进购物车。逛完后,顾客就把购物车(通常已经装得满满当当)推到像超市那种结算柜台处买单。这种独特的模式惊人地成功,成为宜家区别于其他家具商家的真正且可持续发展的不同之处。今天,宜家已经是全球最大赚钱的家具公司。

关键要点

我们大多数人倾向使用感性、反应的方式做决策（系统一：反应性思维），而不是使用深思熟虑的理性方式（系统二：主动式思维）。过于依赖反应性思维会让我们：

- 因为想当"先发者"，所以我们在想法产生的当下就立刻采取行动。近年来的情况说明，首先进入市场或发布新产品并不能确保成功，甚至可能产生毁灭性的后果（注意：商业是一场由一系列短跑组成的马拉松，而不是一次性的冲刺）。
- 盲目复制别人正在做的事，而不会有意识地去创造自己的未来。这样一来我们就变成了跟随者，而不是领导者！
- 过分遵循"听客户的话"这一原则。这会骗我们做出马马虎虎的反应性改变，错失策划突破性创新的机会。大多数时候，只有我们把产品或服务带到客户眼前，他们才知道自己需要什么。
- 被自己的期望所欺骗。基于自己的期待去理解未来——却被实际情况杀个措手不及！
- 不停接收信息一方面的确很棒，但另一方面却让我们应接不暇。我们还来不及察觉，自己就已经被信息超载压得喘不过气，硬着头皮疯狂地应对洪水般涌来的邮件、报告、项目、博文、更新和杂事。请提防立刻自动回应信息的倾向。快速的决定常常不是最佳决定。

参考文献

Berkun, S（1999）［accessed 28 February 2018］The Power of the Usability Lab［Blog］，*Microsoft*，Nov/Dec［Online］https://msdn.microsoft.com/en-us/library/ms993288.aspx

Ciotti, G (2012) [accessed 25 February 2018] Why Better Energy Management is the Key to Peak Productivity [Blog], *Lifehacker*, 29 February [Online] https://lifehacker.com/5955819/why-better-energy-management-is-the-key-to-peak-productivity

Frederick, S (2005) Cognitive reflection and decision making, *Journal of Economic Perspectives*, 19 (4), pp 24–42

Gower, L (2015) *The Innovation Workout: The 10 tried-and-tested steps that will build your creativity and innovation skills*, Pearson, Harlow

Hurson, T (2008) *Think Better: An innovator's guide to productive thinking*, McGraw-Hill Professional, New York

Ingrams, S (2017) [accessed 14 March 2018] Which? Reveals 2017's Best and Worst Brands for Customer Service, *Which?*, 25 August [Online] https://www.which.co.uk/news/2017/08/which-reveals-2017s-best-and-worst-brands-for-customer-service/

IPA (2017) [accessed 1 March 2018] Adults Spend Almost 8 Hours Each Day Consuming Media, 21 September [Online] http://www.ipa.co.uk/news/adultsspend-almost-8-hours-each-day-consuming-media#.Wpg0mkx2uhc

Kahneman, D (2011) *Thinking, Fast and Slow*, Allen Lane, London

McKeown, M (2014) *The Innovation Book: How to manage ideas and execution for outstanding results*, FT Publishing, Harlow

Ross, ME (2005) [accessed 28 February 2018] It Seemed Like a Good Idea at the Time, *NBCNews.com*, 22 April [Online] http://www.nbcnews.com/id/7209828/ns/us_news/t/it-seemed-good-idea-time/#.WpaXu0x2uhd

Statista (2018) [accessed 28 February 2018] Number of Monthly Active Facebook Users Worldwide as of 4th Quarter 2017 (in millions) [Online] https://www.statista.com/statistics/264810/number-of-monthly-active-facebook-usersworldwide/

Thomas, O (2009) [accessed 28 February 2018] Even Facebook Employees Hate the Redesign [Blog], *Gawker*, 20 March [Online] http://gawker.com/5177341/even-facebook-employees-hate-the-redesign

04 常见思维误区：
假设性思维

质疑你自己的假设吧。你的假设是你看世界的窗户。你得时不时对它们进行刷洗，否则光进不来。

——艾伦·艾尔达（Alan Alda），
美国演员

创意思维手册

它们无处不在！

假设无处不在，我们几乎随时随地都在做假设。每当遇到商业问题，不论简单或复杂，在试图解决之前我们都会先对问题做假设。

什么是假设？假设是我们没有证据就信以为真的观念、惯例或想法。我们每个人都有很多假设——在我们的一生中，我们的父母、老师、职场和整个社会环境都把这些假设灌输给我们。在商业中，假设就是我们对顾客、产品、流程、市场、团队成员和我们自己等方面绝对相信的事情。

以下是一些比较典型的假设：

- 工作只能在办公室做。
- 为了生存，我们公司需要拥有广泛的业务范围。
- 这就是我们配货的最佳方法——因为它从没让我们失望。
- 我们最大的客户就是最重要的客户。
- 我没有创意。
- 我们的顾客全都是年轻人。
- 我们只可以雇用能与我们团队相处融洽的人。

假设就像一把思维猎枪。它能让你迅速、机敏地找到问题的答案，无须大脑太费力。你可以直接到储存着各种假设的仓库里选择一个现成的解决方案，而不用长时间苦苦想出和检验上百万个可能性。假设让你几乎马上找到了行动的依据。

很多假设都是正确的。例如，大多数表现友好的人，他们的确很友好。比起上了年纪的女人，年轻的男人开车很可能猛得多（Kahneman，2011）。但假设既可能是我们最好的朋友，也有可能是我们最坏的敌人。当我们认为假设是理所当然的时候，危险就来了。

关于假设，在英语里有一个很妙的说法："你做出假设（assume）之时，就是让你（u）和我（me）一起出糗（ass）之时。"假设有一点很吓人，它会让我们以为自己懂的比实际多。当我们遇到跟之前的经历类似的情况时，就会假设结果也差不多，不再费心探索其他选项。这会给我们带来严重障碍，尤其是需要发挥创造力的时候。就像一个噪声压过了其他所有声音，假设会限制我们的其他想法，引导我们踏上之前的老路，而不另辟蹊径。但实际上，创新总是来源于不一样的做法，而不是坚守过去奏效的经验法则。在充分发挥创意寻找金点子之前，我们要先质疑自己的假设，扔掉那些已经没用的想法。

质疑你的假设

如果感觉受到了这些不争的假设和惯例的束缚，你就得迎面把它们解决，以实现你一直没能实现的根本性突破。

我们可以怎样质疑自己的假设呢？首先，你得承认你一定会有假设。其次，有意识地使用相应的步骤和技巧把事实和假象区分开来，你可以定期或者是在解决问题的时候做这一步。现在，让我们利用下面三个步骤，一起来试试质疑一个假设吧。

创意思维手册

第 1 步，说明你的问题

开始质疑假设之前，你需要清楚地说出你想解决的问题或你想敲开的机会之门。举个例子：**开餐厅**。

第 2 步，标出你的假设

接着，你需要标出或列明你关于这个情境的所有假设、界限和基本原则。这似乎是一个简单明显得有点愚蠢的步骤，但是你会经常把假设列得这么清楚吗？拿出"放大镜"，近距离仔细观察问题的不同方面。思考有哪些看上去绝对正确、无懈可击的想法是你根本没考虑过要去质疑它们的？

一些典型的假设（引自 Creating Minds 网站，未注明日期）包括：

- 因为时间和成本的限制，这件事不可能做成。
- 这件事情奏效，是因为满足了某些规则和条件。
- 人们相信、认为或需要某些事物。

在开餐厅这个情境中，我们会假设，开一家成功的餐厅必须要有：

- 菜单
- 食物
- 员工

> **活动　餐厅**
>
> 餐厅＝菜单+食物+员工

第3步，质疑每个假设

最后，你需要质疑每个假设，看看它们是正确的还是可以废除的。通过提问发现事情的本质，激发新思路的产生。例如：

- 如果故意违反这个规则，会发生什么？
- 为什么要这么做？
- 为什么这个假设可能是错的？

这个练习很简单，但却富有启发性。如果你从没努力面对过你的假设，就永远不会意识到有些假设是多么没有根据。回到开餐厅的例子，我们该怎么对每个假设提出质疑，从而发现新选择呢？

我们需要菜单吗？

也许不用。有很多其他做法可以考虑：

- 顾客提供菜品的点子，让我们的厨师做出来。
- 由服务员告诉顾客可选的菜品。
- 可以做一个自助餐厅或者只提供固定套餐。
- 可以列出材料清单，根据材料设计食谱。

我们需要提供食物吗?

乍一看,这个问题似乎毫无意义。但如果你再想深一层,很多想法是可以扔掉的。比如,人们可以把自己的食物带过来,付给餐厅服务费。又或者,我们可以提供其他类型的产品或服务,例如:

- 只提供饮料
- 冒险体验
- 自带食品
- 猫咪咖啡馆
- 欢笑俱乐部
- 威利·旺卡(Willy Wanka)⊖的一片能顶三顿饭的口香糖
- 文化咖啡馆
- 引人深思的食物
- 氧吧——尝试不同气味的氧气
- 软件餐厅……以及其他不同类型的餐厅

这个问题挑战了"餐厅"的定义。

我们需要员工吗?

跟前两个问题一样,我们也不是一定需要员工:

⊖ 译者注:威利·旺卡(Willy Wanka)为电影《查理和巧克力工厂》中巧克力工厂的主人。

- 餐厅可以使用自动贩卖机或自助式柜台。
- 顾客可以互相服务。
- 可以用机器人取代传统服务员。
- 顾客可以自己烹饪。

在日本,能看到一些使用自动贩卖机的餐厅,里面不需要任何员工。这种餐厅在日语里有个恰如其分的称呼,叫"自贩机食堂"。其他企业里也冒出了越来越多的自助货架和摊位,向员工提供饮食服务(Jiji Press,2017)。

你看出我想说什么了吗?对假设进行质疑和重新审视,能让我们用新的视角看待问题或挑战,这有助于激发我们产生原创的想法。你无须介怀这个新想法是否奇怪或愚蠢。记住,我们的目标是尽可能发挥创意,颠覆过去的传统边界,我说的是真正的颠覆。别犹豫,别退缩,别给假设留情面,让它们在质疑中为生存而战。

> 创意在一定程度上就是重新整理我们已经知道的东西,以发现我们所不知道的东西。因此,要进行创意思考,我们就必须学会用崭新的方式看待我们习以为常的事情。
>
> ——乔治·科内尔(George Kneller),
> 《创意的艺术与科学》作者(1965)

 创意思维手册

糟糕的假设性行动

假设可以通过多种方式摧毁我们的思维。以下只是其中的一些例子。

1. 假设不是铁一般的事实

把假设当成"事实"是一件很危险的事。如果一个说法或观念看似十分合理,我们也找不到什么明显的理由质疑它,我们就很容易假设这个说法是正确的。问题就出现在这里——有些事情只需要小小调查一下就知道是假的,但假设的力量太过强大,强大到让我们接受那些假象。

卡迪夫大学的研究院研究了来自四大"优质出版物"(以前被称为"大幅报纸")的英国报纸(即《泰晤士报》《每日电讯报》《卫报》和《独立报》)的 2000 篇新闻报道,发现其中 80% 的报道完全或部分来源于二手资料,而且报道中的关键性事实只有 12% 是经过核实的(Davies, 2008)。这意味着我们读到的大部分新闻都是基于未经核实的假设,而非一手事实写成。

假设不仅在媒体世界盛行,在商业世界也是一样,所有人都已经把这些假设信以为真:"客户希望我们在当地设有门店""为了跟上竞争对手的步伐,我们每年都要发布新的产品系列"。这些假设是否真实有效却并没有受到过多质疑。它们通常会成为被广泛接受的谎言。

2. 给自己设限

如果你向会计师要一个好点子，他们通常会用数字回答你；如果你问设计师，他们通常会用图形回答你。明白我的意思吗？不难理解，我们是自身经历的产物。毕竟，我们在生活中都走着属于自己独特的路。而这当中的危险在于，当需要创意思考时，我们会自己给自己设限。这些限制通常是错的，因为它们产生的基础是我们的专业领域或身份所持有的假设。这些限制会让我们受困于自己已知的范围——我们的舒适区。

关于这一点，我最喜欢的是施乐（Xerox）公司和苹果公司的例子。早在20世纪70年代，施乐帕克研究中心（PARC）的科学家就在加州率先研究出了个人计算机背后的多个基本组成部分，比如图形用户界面和鼠标设备。然而，并没有什么人知道这一点，因为施乐（当时是高利润的复印机商家）没能有效地对这些创新进行商业化，也因此犯下了公司历史上最严重的错误（Wessel，2012）。苹果创始人史蒂夫·乔布斯在1979年参观施乐的时候，看到了这些技术尚未发展的早期版本。他马上发现了这些技术的巨大潜力，认为可以利用它们设计出受到大众欢迎的计算机，于是把这些概念应用到了苹果麦金塔电脑（Macintosh，简称Mac）的开发上。拥有图形用户界面（有窗口和菜单）和鼠标的Mac成为第一个商业上成功的操作系统，它彻底改变了人和计算机的互动方式。

这个故事告诉了我们什么？可怜的施乐研究员和管理人员没能充分认识到自己的技术在革新个人计算机方面是多么有前景，他们搁浅在关于自己的专长的假设中——认为自己只善于制作更新、更好的复印机。如果他们能逼自己跨越自己所设的限制，就可以看到很多其他可能性。正如乔布斯多年后所说："要是施乐知道自己拥有什么，并且好好把握住机会，本

可以成为 IBM 加微软再加施乐的结合体——世界上最大的高科技公司。"
（Gladwell，2011）

活动　打破假设的问题

尝试回答以下问题，以此检查你的假设：

1. 一个拥有上百万读者的作家坚称，自己在写作的时候永远不能被打断思路。有一天他真的被打断思路了之后，就再也没有写作了。为什么呢？（Rogers 和 Sheehan，1960）

2. 如果你有一根很长的线，你怎么能在不改变它长度的前提下让它变短？

请翻到本书第 280 页查看答案。你做得怎么样？你的思路帮助你找到答案了吗？还是说你的思路完全跑偏了？

这两个简单的练习证明了你的思维很容易根据即时的假设去理解问题，因此只会考虑跟这些假设相关的答案选择。跟选择性思维一样，一旦你的思路锁定在一个固定的方向，就很难转向或绕道。而假设背后的本质会让改变思维方向变得特别困难，我们甚至难以察觉自己转错了弯。

---

3. 过时的思维

英国哲学家伯特兰·罗素（Bertrand Russell）曾经讲过一个有趣的故事。这是一个关于农民和他的火鸡的故事。农场里的火鸡注意到，农民每天日出时都会提着一桶饲料来向它问好。于是火鸡总结出："我每天日出都会被喂食。"而圣诞节那天早上，火鸡并没有如期等来喂食，让它大惊失色的是，自己被割喉而亡。

这个故事背后的道理是什么？故事说明，你不一定总能在过去的经验中总结出真理。某件事情过去发生过或者发生得很频繁，并不能证明它以后还会继续发生。尽管在商业中根据过往经验对未来做出预判也很在理，但过去的业绩并不保证未来也能获得回报。

让我们看一看《不列颠百科全书》的例子。240多年间，它成功地以销售大部头知识工具书而立足世界，在各地都获得了"卓越而博学"的美誉。但是，受到维基百科等快速、方便的电子百科类产品的打击后，它被迫进行彻底改革。悠久的历史和老字号的品牌并不会让它就此躲过未来即将到来的冲击。为了在剧烈的变化中生存，不列颠百科全书公司不得不挑战它们对商业模式的所有假设，全面投身于电子版的制作。这对一个纸质书出版商来说无疑是个大胆的举措，但这也让其高质量的知识内容得以为成千上万的读者所使用（Sword，2016）。

长期存在的假设会让你在需要扩展思路时走不出"往常的商业模式"。假设会让思维变懒。比如你要策划一场营销活动，你可能觉得自己已经很了解消费者，知道怎样刺激他们的购买欲了。但这种"经过验证所以（应该）可靠"的知识很可能破坏了你用不同角度创新思考的能力，结果就是"好的假设得到的却是坏的结果"。我不是说我们应该把过去忘得一干二净——忘记过去跟拥有错误假设一样愚蠢，但我们应该定期提醒自己并不是非得严格照搬过去的路。这种提醒非常值得。

愚蠢的假设

请看下面这些假设，它们都是由历史上的名人说出口的：

- 所有能被发明的东西已经都被发明出来了。

——查尔斯·迪尤尔（Charles Duell），
美国专利局局长，1899年

- 世界市场对计算机的需求大约只有 5 部。

  ——托马斯·沃森（Thomas Watson），
  IBM 创始人，1943 年

- 女性成为首相还需要等很多年——至少我的时代不会有。

  ——玛格丽特·撒切尔（Margaret Thatcher），
  后来的英国首相，1969 年

- 人类在 50 年内不可能飞上天空。

  ——威尔伯·莱特（Wilbur Wright，美国航空业先驱）这样对他的
  弟弟奥维尔说（1903 年莱特兄弟实现了首次成功飞行）

- 640 千字节对任何人来说都已经足够了。

  ——比尔·盖茨（Bill Gates），微软创始人
  （1981 年谈到计算机内存时这样说）

- 电视机在市场上活不了多久，因为人们很快就会厌倦每晚都盯着一个夹板箱看东西。

  ——达里尔·扎努克（Darryl Zanuck），
  电影制作人，20 世纪福克斯，1946 年

规则就是用来打破的

尝试完成以下练习。

活动　棘手的网格

观察下面的网格,你能不能圈出其中四个数字,让这四个数字的总和等于12?

图 4-1　棘手的网格

答案请见本书第 281 页。

你做对了吗？如果你感到困难,很可能是因为你的思维不自觉地为这道题设定了一个规则：网格只能从一个方向看。但这只是你想象中的设定,如果要解开这道题,你必须得把网格倒过来看。在创意问题解答中,什么事情都能发生。

我们从很小的时候就开始学习遵守规则："不要把颜色涂出界""把黑板上的字抄下来""上课时不要讲话",等等。多年来,我们一直根据自认为对人、对己都好的做法或者权威人士所说的话持续制定属于我们的一套规则。在商业世界,"顾客永远是对的""永远是由董事会为公司制定目标"等主观规则不断深入人心,已经到了神圣不可侵犯的地步。结果,我们完全习惯了这些规则,不会想要去质疑它们。但规则的主要问题跟假设一样,规则存在的范围可以远远超过一开始制定它们的环境。

如今的台式和手提电脑所使用的 QWERTY 键盘（又称全键盘）就是

一个很好的例子。你知道这种键盘布局是怎么来的吗？早在 19 世纪 70 年代，领先的打字机生产商 Sholes & Co 就发明了 QWERTY 键盘。这种布局背后的原因是希望降低打字速度，因为如果打字员打字速度太快，键盘容易出现卡键问题。把最常用的几个字母——e、a、i 和 o 放到远离食指的地方，打字速度就可以变慢。这样一来，打字员就得用力气相对较小的手指去按这几个字母，解决了卡键的问题。

从那以后，键盘技术有了飞跃的发展，计算机运行速度也比人类打字速度快得多。然而，尽管出现了更新、更快的键盘布局，我们仍然遵守着过时的 QWERTY 键盘打字规则。这不是很荒唐吗？规则一旦成形，就算原来制定它的理由已经不复存在，我们还是难以摆脱这个规则。因此，创意思维的真正挑战不仅在于要产生新想法，而且还要逃离不再有效的旧想法。

比方说，你现在想寻找提高业务生产力的方法。你现有的规则包括：

(1) 我们会请外部教练来培训我们的员工，激励团队做得更好。

(2) 我们总是在电话里跟客户进行沟通。

(3) 创造新产品是由研发部门负责的。

(4) 我们必须做完一个大项目后才开始下一个。

如果你打破这些规则，会发生什么呢？

(1) 培训员工和激励团队成员的任务主要由部门经理负责，这样可以加强沟通，密切联系内部关系。

(2) 我们可以用其他方式跟客户沟通，比如电子邮件、社交媒体和上门拜访。

(3) 我们可以让客服部、技术支持部、生产部和财务部等其他部门参与产品研发。这样一来，我们可以产生更多有力的解决方案。

(4) 我们可以同时完成不同的项目，这样更能促进员工发展。

多年来，我与多家大型企业保持着合作关系，这些企业严格的制度和官僚作风让他们无法适应快速变化的市场环境。这些规则曾经十分有效，无可指摘，谁都不能碰它们。大家都不敢质疑这些规则。在这种环境下，创新必然难以实现。如果规则不能接受审查和质疑，你怎么可能取得新突破呢？如果你都没有寻找其他方案的自由，又怎么可能看到其他方案的优点呢？

如果你不问足够多的"为什么这样"，别人就会问："为什么是你？"
——汤姆·希什菲尔德（Tom Hirshfield），美国研究物理学家

输给新来者

企业可以在广泛接受、无人质疑的无形限制中缓慢行进几十年甚至几百年。通常，只有当新来者进入市场并公然打破规则后，大家才震惊地发现这些规则原来毫无意义。维珍大西洋航空公司（简称维珍航空）的创始人理查德·布兰森（Richard Branson）充分证明了这一点。维珍航空创建之时，前面已有英国航空、美国航空和泛美航空。这几家已经在市场有一定地位的航空公司都坚守着同样的规则——为头等舱乘客提供一流的服务，为商务舱乘客提供充足的服务，为经济舱乘客提供最基本的服务。而布兰森是怎么做的呢？他直接取消了头等舱，把原来头等舱的服务提供给商务舱的乘客。他提出的其他创新服务包括向经济舱乘客提供免费饮

创意思维手册

料,在飞机座椅的头靠处安装视频播放器,安排机场接送车,等等。这一切彻底改变了原本陈腐的航空业。

很多老牌企业都紧守规则和官僚作风,这让他们永远没有充足的时间去发挥创造力。每当问题出现,他们宁愿"绞尽脑汁"实施权宜之计,增加各种流程或层层审批,也不会去寻找优质方案拨乱反正。不久后,他们甚至都不记得这些新规则从何而来!相反,新来者就像一张白纸,带着全新的视角踏入市场,因此他们不怕去做别人没做过的事,他们会改变所在行业的基本原则。比如说,日本汽车生产商选择生产小型节能汽车,这是当时的资深美国车企完全不会想到的做法。美国的汽车生产商始终坚持生产大型高马力汽车的战略,结果错过了一个细分市场。有声望的企业应该像新来者那样,不怕提出问题,要问问自己"如果我们打破规则会怎么样?"

案例研究　美体小铺（The Body Shop）——挑战常规

美体小铺的创办人安妮塔·罗迪克（Anita Roddick）因为打破了化妆保养品零售业的常规做法,取得了非凡的成功。她打破了一切教科书式的规则,于1976年率先使用纯天然、不使用动物测试的彩妆护肤品概念。当时,大部分药房和彩妆连锁店都千篇一律,出售着包装昂贵而精美的化妆用品、彩妆、香水和药用乳霜。罗迪克反其道而行之,用低价的塑料容器灌装产品,贴上朴实的手工印刷标签,并鼓励顾客用完产品后把原来的瓶子带回来重新装满。这样不仅降低了成本,还塑造了一个天然、质朴的品牌形象,产品大受环境爱护者的欢迎。

品牌越来越成功,而罗迪克则继续无视规则。例如,她从不卖广告,哪怕是美国首家店铺开业当天也没打广告。直到现在,美体小铺依然把理想放在利润之上。在盈亏底线就是一切的化妆保养品行业,美体小铺脱颖而出,开辟了一条令人敬佩的道路,充分展现出它的社会责任和关怀。

第一部分　探索你的思维

关键要点

假设性思维让我们在没有证据的情况下就倾向于相信某些观念、惯例或想法。错误的假设是创新的巨大障碍。这些假设看不见、摸不着,长期潜伏在我们的思维里,在一个个情境中支配着我们。它们会如何阻碍我们呢?

- 假设会导致我们以为自己知道了全部事实,但其实我们并没有。类似于"为了跟上竞争对手的步伐,我们每年都要发布新的产品系列"这种假设就应该充分验证其真实性。
- 假设会让我们自己给自己设限,困在自己专注的领域中走不出来。比如施乐认为自己只能生产更好的复印机,从而错过了占领个人计算机市场的机会。
- 规则跟假设一样,会让我们困在过时的模式当中。规则确立得越久,就越有可能已经不再奏效。有时候,我们需要摆脱或颠覆原有的模式,才能跑在别人前头。

参考文献

Creating Minds（nd）[accessed 1 March 2018] Assumption-Busting, *CreatingMinds.org* [Online] http://creatingminds.org/tools/assumption_busting.htm

Davies, N（2008）[accessed 1 March 2018] Our Media Have Become Mass Producers of Distortion, *The Guardian*, 4 February [Online] https://www.theguardian.com/commentisfree/2008/feb/04/comment.pressandpublishing

Jiji Press（2017）[accessed 1 March 2018] Self-Service Convenience Store Stands and Kiosks Popping up Inside Companies, *The Japan Times*, 10 August [Online] https://www.japantimes.co.jp/news/2017/08/10/business/corporate-business/self-serviceconvenience-store-stands-kiosks-popping-inside-companies/#.Wpfcgkx2uhc

Gladwell, M (2011) [accessed 1 March 2018] Creation Myth: Xerox PARC, Apple, and the Truth About Innovation, *The New Yorker*, 16 May [Online] https://www.newyorker.com/magazine/2011/05/16/creation-myth

Kahneman, D (2011) *Thinking, Fast and Slow*, Allen Lane, London

Kneller, GF (1965) *The Art and Science of Creativity*, Holt, Rinehart and Winston, New York

Rogers, A and Sheehan, RG (1960) [accessed 1 March 2018] *How Come-Again?* Doubleday, Garden City, NY

Sword, A (2016) [accessed 18 October 2018] Encyclopaedia Britannica: How a Print Company Embraced Disruptive Innovation in Publishing, *Computer Business Review* [Online] https://www.cbronline.com/cloud/encyclopaedia-britannica-how-a-print-company-embraced-disruptive-innovation-in-publishing-4898586/

Wessel, M (2012) Big Companies Can't Innovate Halfway, *Harvard Business Review*, 4 October [Online] https://hbr.org/2012/10/big-companies-cant-innovate-halfway

第二部分
解决方案探测器

05　用创意解决问题的环境

06　解决方案探测器步骤1：理解

07　解决方案探测器步骤2：构思

08　解决方案探测器步骤2：构思工具包

09　解决方案探测器步骤3：分析

10　解决方案探测器步骤4：行动方向

05 用创意解决问题的环境

创造力几乎可以解决所有问题……只要能用创意打败习惯,就可以战胜一切。

——乔治·路易斯(George Lois),
　美国艺术指导、设计师和作家

# 你被市场驱动还是你驱动市场？

如今，很多公司和企业家都因为自己受市场驱动而感到骄傲。他们通过详尽的研究试图理解市场特性，再根据这些特性做出反应。这是一种典型的"框架内"方法，基本不去尝试满足潜在的客户需求，也没去改变市场行为和市场偏好。正如市场战略营销员安德鲁·斯泰因（Andrew Stein，2012）所说："如果你开车的时候不断往后看，又怎么能具备前瞻性目光，构想出崭新且不同的未来？"选择性思维、反应性思维和假设性思维都会让我们受市场所驱动，而非驱动市场。

市场驱动者是有远见的冒险家，能够预测出顾客需要怎样的产品和服务，不断为顾客带来惊喜。他们能够看见别人看不见的机会，实现顾客价值的飞跃提升（Kumar，Scheer 和 Kotler，2000）。他们不会采取反应性的商业战略，而是更加主动、灵活，不受传统思维和行业规则所阻碍。值得注目的市场驱动者包括联邦快递、亚马逊、美体小铺、宜家、星巴克、沃尔玛和斯沃琪。你不能同时驱动市场和被市场驱动——二者互相矛盾。它们的主要不同请见表 5-1。

表 5-1 驱动市场 vs 被市场驱动

驱动市场	被市场驱动
破坏性	反应性

(续)

驱动市场	被市场驱动
创新性	渐进性
有创意	无关紧要
价值	特色
灵活	死板
竞争性	试探性
坚定果断	不确定
清楚	疑惑
动态的	静态的

资料来源：安德鲁·史坦因（A Stein），SteinVox.com，2012

如何成为市场驱动者？

要成为市场驱动者，你必须先让自己克服传统思维的障碍。在选择性、反应性或假设性的工作环境中，问题解决过程通常只存在于应对危机或一般市场研究结果，这基本上不会考虑到寻求机遇。管好你的选择性、反应性和假设性思维，可以让你在各种情况下都有更好的空间收获更具创意和高效的结果。怎样才能做到这一点呢？你需要一个流程去强迫你的大脑打破常规模式，这对建立一个有促进作用且富有成效的环境至关重要。记住，这个流程需要用到元认知——"对思维本身进行思考"的行为。面对挑战时，对思维应用策略，在正确的时间召唤出正确的技巧，能让你收获最好的结果。

制胜流程

我们不应该再把创意看成是一次性的盛宴，如一场实验和狂野的思维过程。我常常说，创新是一个过程而不是一个事件。一个金点子是不够的。要取得长期的成功，就得不断有创新的想法放到传送带之上——一个新点子接着一个新点子，只有这样，你才能不断前进迈向未来，而不会困在过去停滞不前。无论是作为个人、团队还是整个组织，如果可以持续创新，你们获胜的机会将大大增加……这就是所谓的商业游戏。创新是一个过程，把创意实践建立成体系十分重要。有了这个体系，你就可以不断在你所处的领域中实现良好的发展，突破界限。的确，有些创新来源于意外或者差错，但正式的流程仍然很有必要，因为它可以把这些从错误和意外得来的想法转化成在现实世界中切实有效的做法。

想一想赌场里面各种各样的游戏。所有的赌场游戏都有一个获胜的流程，所有赌局其实都有利于赌厅一方。他们保证取胜的方法就是使用激光般聚焦的过程。这跟你的思维是一样的。一个好的流程能使你保持警觉，深思熟虑，可以大幅提高你的能力，更好地找到稳健的新机会，更清楚地论证、更有效地解决问题。尽管我们都渴望找到神奇的创意捷径，但对结果急于求成可能会引起各种各样的问题，最后只能对选择妥协。回想一下03章"常见思维误区：反应性思维"中提到的先发者劣势，急于获取短期结果对你并没有太大好处，而你的竞争对手却有了更多的时间准备进入市场。下一次你遇到问题、机会或挑战的时候，不要急着行动，先好好思考，规划好旅程，再开始探索。

你的创意流程必须有足够的架构，能让你和你的团队产生并推进想法，同时保持灵活性。任何僵化的东西都会使人失去热情甚至创造力。在本书的这个部分（第二部分），我将向你介绍**解决方案探测器**（见图5-1），这是我为应用创意和创新研发的方法，我在培训课程和工作坊中也会教授这个方法。这个名字听着有点像是赠送的，但如果你还不是很清楚解决方案探测器到底是什么，那么，我来告诉你，它本质上就是一个帮助你寻找问题或挑战的创新解决方案的框架。通过四个简单的步骤，解决方案探测器的最终目的是帮助你建立正确的心态和环境，使你的团队发挥创意思维的力量，做出最佳决策，推动你的组织向前发展。解决方案探测器不仅能在你需要推进时激活你的创意，而且能让你创造出真正的创新文化，并把这种文化根植到你的组织当中。

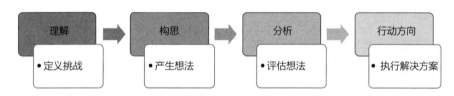

图5-1 解决方案探测器

第1步，理解——定义挑战。充分探索问题，尝试理解问题的根源并精确列出你需要处理哪些事情。

第2步，构思——产生想法。使用创意思维工具，激发足够多的想法去解决问题或迎接挑战。

第3步，分析——评估所有想法。使用"全脑"方法，对这些想法进行分类和筛选，选出你的最佳想法（一个或多个）。做出决定。

第4步，行动方向——执行解决方案。尽可能补充、改进与完善你的解决方案。获得认可并设定目标。制定你的计划并按计划行动！

发散思维和收敛思维

跟很多优秀的思维系统一样,解决方案探测器也受到了吉尔福特(Guilford,1967)提出的发散思维和收敛思维概念的影响。

发散思维:大脑中呈扩散状态、自由流动的活动,使我们的思维从原来的主题延伸至各个方向。发散思维使我们充分打开思路,考虑一切可能性和想法,甚至是那些古怪或疯狂的想法。发散思维被视为是"软性"的,通常与下列词语相关联。

比喻、创意、梦想、幽默、视觉、情感、形象化、模棱两可、玩耍、想象力、大概、生成、幻想、自发、直觉、类比、预感、随机、无意识、笼统

收敛思维:引领我们做出正确且明智的决定的思维活动。收敛思维让我们仔细检查不同概念的合适程度,使想法明确地集中于一个目标。收敛思维被视为是"硬性"的,通常与下列词语相关联。

推理、逻辑、精度、一致性、批判性、事实、理性、深思熟虑、工作、确切、现实、指向、有意识、聚焦、顺序、数字、分析、线性、特定

发散思维具有生成性,而收敛思维具有分析性和选择性。两种思维在创意过程中都很重要,只是发挥价值的阶段不同。新想法的形成主要会经历以下三个阶段。

产生/想象阶段：我们通过头脑风暴等方式想出多种多样的可能选项。对很多人来说，这是最好玩和最有创意的阶段，你可以自由地扩展思维，操控问题，测试假设，打破规则，想出成千上万的点子。这个阶段是发散式的——你让你的思维发散，往各个方向延伸。我们要确保这个阶段得到良好的利用，不要让过早的判断和删减成为任何一个新想法的阻碍。

分析/实践阶段：我们对上个阶段提出的选项进行分析，为了汇聚成一个解决方案而搜集信息。这包括缩小可行方案的范围、从各种方面考虑可行性（成本、资源、时间等）。这个阶段是收敛式的——目的是促使你的想法不断收敛，聚拢成一个点。只有完成了这一步，你才能进入接下来的选择/行动阶段，实施你选定的方案。

选择/行动阶段：我们对选定的方案进行巩固和加强，并开始落实。这包括提出建议、制定目标、测试方案以及为实施做好准备。

图 5-2 创意思维的顺序

现在，想想你自己的创意过程是怎样的？诚实点儿面对自己。你是按照这样的思维顺序走的吗？我们大部分人的思维都属于分析型。因此，先令思维疯狂地发散，而不是先奋力采取什么实际行动，这可能让我们感到别扭。因为收敛思维是我们的常态。通常情况下，我们都过早地进入了

"硬性"思维状态,让分析和判断渗入了想象阶段。这会让我们的思维提前缩窄,一下子把那些看起来荒谬或另类的想法都杀光:"这太蠢了"或"那肯定不行的"。如果给这些想法一个机会,也许就会成为我们最棒的点子,但我们却在一开始就把它们给扼杀了,就像我们控制不住自己的手那样。

逻辑和分析都是极其重要的工具,我们需要它们帮我们分类、筛选和选定想法,避免思维飘忽不定而带来的错误。但过度依赖逻辑和分析,特别是在构思阶段依赖它们,会让整个创意过程造成短路。开车的时候,你不可能一边挂着一档一边倒车。同样地,你也不可能在产生想法的同时对想法进行评估——你会把大脑里的"齿轮"烧坏的。你必须按正确的顺序启动发散思维和收敛思维。创新作家保罗·斯隆(Paul Sloane, 2010)在描述克里克(Crick)和沃森(Watson)于1953年发现DNA结构时,也写到了二人是如何在初期阶段运用发散思维思考各种各样可能的结构和排列的。之后,二人又利用收敛思维集中火力,确认了唯一一个正确答案——双螺旋结构。设置解决方案探测器,就是希望帮助你克服过早缩小范围的本能,使你的思维可以先尽情**发散**,产生大量想法,然后再进行**收敛**,锁定最具潜力的解决方案。跟随这些清楚的步骤,你既可以寻找带你通往成功的灵感,同时还能保持条理。

创新不是逻辑思维的产物,尽管创新的结果有赖于一个合乎逻辑的结构。

——阿尔伯特·爱因斯坦(Albert Einstein),
诺贝尔奖获得者,理论物理学家

> **左右脑结合起来！**
>
> 　　做决策时，即便是到了"实用的"想法评估阶段，我们也得小心，不要让分析的部分占据了全部。当我们重点关注逻辑、判断和批判的时候，我们左脑皮层相关的"硬性"技能（言语、数字、分析、列举、语言和逻辑）会发挥很强的主导作用，使我们的思维歪向一边。此时加入右脑皮层相关的"软性"技能（节奏、感觉、色彩、形状、绘图、想象、幻想）就尤为重要，因为有助于恢复平衡，把脑力发挥到极致。注意，这也意味着使用情感和直觉有助于我们更好地解读形势，评判我们的选择。
>
> 　　虽然罗杰·斯佩里（Roger Sperry）的左右脑分工理论在近年来广受质疑，但他这项获得了诺贝尔奖的研究结论在很多方面依然正确。研究人员证实，大脑的两个半球（左半球和右半球）的确以不同的方式处理信息。但最有趣的一点也许是，进行某些活动时，两个半球会同时处于活跃状态，以一种紧密结合、互相补充的方式共同运作（Hellige，2001）。因此，要得到最好的想法和决策，就不单单是左脑思维或右脑思维"二选一"的问题了，这需要分析性和生成性功能共同和谐地运作。我们需要"全脑"思维。

判断危机

　　在绝大多数时间里，我们都使用逻辑和批判性思维进行思考。因此，当我们聚在一起进行即兴的头脑风暴时，我们批判的那一面仍在全力高速运行，也就不足为怪了。无论判断和分析在决策过程中多么重要，但如果要为问题提出创意解决方案，它们也无能为力。头脑风暴的全部意义，就在于把用在逻辑分析上的时间"抽出来"，用于产生尽可能多的想法，不论这些想法多么疯狂或过分。我们一天中的其他时间都那么务实，为什么就不能花一两个小时远离逻辑呢？给萌芽中的想法一个机会，也许你就有新发现。先别推翻它们，而是想一想"这个想法有什么有趣或创新之处吗？""这能不能带来另一个创新想法？"看一看团队每个点子中的创意价值。现在不是把它们分为好与坏、有用和没用的时候。记住，每当你停下来开始评价这些想法，你的创意过程就停止了。之后你会有充足的时间对这些想法进行测试，决定哪个对你公司更有利，但不是现在。

如果情况恰好相反，是你自己内心的批判在让事情停滞不前呢？我们总会在某些时刻产生自我怀疑。对于自己的想法，我们经常会受到自己负面思维的影响："人们真的需要这些吗？""竞争是不是太激烈了？""为什么要把时间浪费在注定失败的事情上？"我们需要抵挡住这种天生的悲观主义偏见，允许新想法自由飞翔。在表 5-2 中，我列出了七种会损害创意表现的负面思维。你是否拥有这些负面思维呢？

表 5-2　负面思维

1. 非黑即白	极端想法：事情不是好的就一定是坏的，不是对的就一定是错的。你对一个想法非爱即恨——没有所谓的灰色地带或中间地带。这会导致你在头脑风暴的时候轻易否决那些不那么完美的答案 ——如果我不是赢家，我就一定是输家
2. 比较思维	你对某个表现的评价只来源于跟他人比较的结果 ——约翰总是能想到最好的点子。跟他相比，我从没想出过有用的东西
3. 过分概括	根据单个事件或证据就得出概括性结论。如果有些事情做错过一次，你就觉得这种错误会一再出现，而不会用全新的眼光审视情况。这类思维通常会使用"总是""永不""所有人""全世界"等字眼 ——我们一定不能按时完成项目。一直以来都是这样

创意思维手册

（续）

4. 读心术	认为自己能判断出其他人对你或者你的想法有什么评价，并且总觉得评价是负面的 ——她觉得我的想法太怪异了。她感受到了威胁	
5. 贴标签	我们会对自己、他人或事件进行描述，然后认为相似或相关的标签也同样适用于这个人或这件事 ——我刚刚提出的那个点子太糟糕了。我就是个毫无创意的人	
6. 灾难化/ 过度悲观	过分夸大灾难发生的可能性。总是预想一些无法承受的事情会发生 ——我一定会出洋相，大家都会笑话我	
7. 占卜	你知道事情会如何发展，所以不再自找麻烦。负面的预言会阻止你尝试和积极地冒险 ——那个点子一点用都没有。我知道它不会奏效	

创意工具包

为创意树立信心的唯一方法就是实践。盯着一张白纸从零开始，等着灵感来敲门，这可能让人感到焦躁不安。给创意一些指引可能会有所助益。你可以找到许许多多的创意思维工具和问题解决工具，这些工具能帮助你建立新的联系，弄清楚相关数据，有效地把它们用于分析和决策。然而，技巧本身并不足以激发更多创意行为——它们不能把创意从人的身上"逼"出来（Cook，1998）。只有创造出适当的环境，技巧才能发挥最大作用。这就是"决策雷达"和"解决方案探测器"的目的,同时使用这两个工具,能营造出正确的环境激发人们内在的创意天赋。解决方案探测器包含了我本人最喜欢的方法,这些都是在个人或团队中经过多年的真实测试后得出的方法。所有的工具都对使用者非常友好,根据各个阶段需要的是发散思维还是收敛思维,每个阶段适合使用的工具都经过了精挑细选。我们准备了许多不同的工具供你选择,所以你可以根据具体的问题或机遇挑选合适的工具。而且,这些工具可以为你的问题解决过程增添不少乐趣(也算是一种额外收获)。

画布模板和检查清单

我们提供了方便使用的画布模板和检查清单,帮助你完成解决方案探测器的各个阶段。你可以在各种情况下填写相关的画布,让你在应对实际挑战时可以快速理解学习要点。

本书所有资源可以在 www.thinking.space 下载。

参考文献

Cook, P (1998) The creativity advantage – is your organization the leader of the pack? *Industrial and Commercial Training*, 30 (5), pp 179–84

Guilford, JP (1967) *The Nature of Human Intelligence*, McGraw-Hill, New York

Hellige, JB (2001) *Hemispheric Asymmetry: What's right and what's left*, Harvard University Press, Cambridge, MA

Kumar, N, Scheer, L and Kotler, P (2000) From market driven to market driving, *European Management Journal*, 18 (2), pp 129-42

Sloane, P (2010) *How to be a Brilliant Thinker: Exercise your mind and find creative solutions*, Kogan Page, London

Stein, A (2012) [accessed 6 March 2018] 9 Differences Between Market-Driving and Market-Driven Companies [Blog], *SteinVox*, 31 October [Online] http://steinvox.com/blog/9-differences-between-market-driving-and-market-driven-companies/

解决方案探测器
步骤1：理解

对一个思想家来说，最大的挑战在于要以一种允许解决方案出现的方式来阐明问题。

——伯特兰·罗素（Bertrand Russell），
英国哲学家和逻辑学家

定义挑战

你还记不记得，上学的时候，老师会叫你看清楚考试题目之后才开始作答。在解决问题的过程中，这个建议依然有用。通常来说，问题来临时，我们的第一反应就是去寻找解决方案，好像越快搞定这件事越好。但是，我们真正需要做的是认认真真审视问题。比起一股脑儿地埋头寻找解决方案，更应该做的是花时间去正确定义你的问题。你定义问题的方式会为你所努力的一切创意行为设定基本的方向，影响你的思路，对你所持的想法有巨大作用，因此正确定义是非常重要的。

与我合作的个人和企业在尝试定义这项活动时都似乎大吃一惊，但这正是我们大部分人在问题解决过程中会跳过的一步。我们以为自己已经知道问题是什么，不想再浪费时间在这上面拖拖拉拉。一旦我们想到了一个绝妙的方案或点子，就想着赶紧实行。如果要先停下来，去思考问题的每个方面，会令我们感到沮丧。然而我们不知道的是，我们对问题的理解也许太过含糊不清。如果我们不在早期正确理解并阐明挑战，到了后面就会彻底发现自己正在解决的问题并不是正确的问题——我们只是在解决最明显的那个问题而已。更甚者，我们只是在试图解决问题的症状，而不是问题本身。

商业中处处存在新机遇，积极采取行动实施新想法当然很好，但如果努力的方向错了，一切努力都会白费。创新并不是单纯地为了创新本身或

第二部分 解决方案探测器

是为了快速解决问题而去实施想法。你所做出的改变应该是有意义而且目的明确的，能够带领你或你的组织离目标更近一步。问问你自己："我们最开始为什么要这样做？"如果这个问题的答案没有你想象中那么显而易见，你就得让它变得清晰。在任何创意过程中，输出的质量永远取决于你投入的质量。因此，这个第一阶段非常重要，因为它能帮你清楚地知道自己创新是为了什么。这个阶段也能：

- 防止你做出草率的判断，得到错误的结论。
- 帮助你检查和质疑你的假设。
- 让你更好地理解问题的根本原因——这个问题为什么存在？
- 让你可以明确事情的优先顺序，让努力的方向更精准。

在项目思考的开始，请你自己或跟你的同事一起花点时间清楚地定义和理解你的挑战是要解决一个问题、颠覆市场、提供更好的做事方式、解决一个紧急威胁，还是要利用最近出现的一个新机遇。

根据涉及的人或相关数据的不同，每个目标或问题需要的处理方式也各不相同。从不同的角度看待挑战，让你对自己正在处理的这件事有一个全面的认识。收集相关的事实和感受。这些都完成后，你也就做好了准备，可以开始为解决问题或完成目标想出更好、更有意义的想法来。

案例研究　错误的问题

问题和挑战会有数不胜数的存在形态和规模大小。它们可能是短处（如"重复销售正在减少""我们的预算削减了"），也可能是目标（如"设计出最新产品""重新获得市场份额"）。它们可以是宽泛的，也可以是具体的；

可以是内部的，也可以是外部的；可以是非常细微的小问题，也可以是改变运营方向之类的大问题。

在很多企业中，人们会花大量时间为那些琐碎的甚至是不存在的问题寻找解决方案。为什么会这样？因为选择性思维、反应性思维或者假设性思维把他们引向了那样的道路。他们解决或抓住的只是他们自己认为存在的问题或机遇，浪费了宝贵的时间、精力和资源。

《想象：创造力的艺术与科学》（*Imagine：How Creativity Works*）的作者乔纳·莱勒（Jonah Lehrer，2012）就举了一个著名的例子说明这是一种徒劳的努力。宝洁公司曾面临一个问题——它需要推出一种新的地板清洁剂。公司把设计研发的任务交给了一群最优秀的科学家（当时宝洁拥有的博士数量在美国的企业里是最多的）。但这不是个简单的问题，如果要让清洁剂的清洁能力更强，就会带来不受人欢迎的副作用——使木材清漆脱落，并损伤人娇嫩的皮肤。经过多年筋疲力尽的研发却仍然失败之后，宝洁把这个任务外包给了设计公司 Continuum 解决。Continuum 做的第一件事，就是花九个月的时间观察人们在自己家里拖地的情况。他们在起居室里安装摄像头，对所有情况都做了详细的笔记。这是一个漫长乏味的过程，但也恰好说明了拖地作为一种清洁方式是一种麻烦的煎熬。后来，他们观察到了一件有趣的事：其中一个观察对象的厨房里有一些咖啡渣撒在了地板上，但是这位女士并没有去拿拖把，而是弄湿了一张纸巾用手把地面擦干净，擦好后直接就把纸巾扔掉了。

这让大家吃惊地发现，原来他们在尝试解决的是一个错误的问题。人们不需要新的地板清洁剂，他们需要的是能够当场进行局部清洁并且随手可扔的便捷清洁工具。最终，宝洁发明了速易洁（Swiffer）——安装在拖把头位置的一次性替换纸巾。

你在这个例子里学到什么了吗？在你开始寻找解决方案之前，先停一停，思考一下你是否正在解决那个对的问题。

问题是什么？

大部分企业家和商务人士都要在其职业生涯或所在的组织中做决策，在各个方面都需要拥有解决问题的能力。表 6-1 列出了一些问题，可以提示你应该如何描述那些需要用到创意思维应对的典型挑战：

表 6-1　需要创意思维应对的典型挑战

"什么"	"我怎样可以……"
我想要完成什么？	我怎样可以更高效地利用时间？
什么没做对？	我怎样可以解决工作中的冲突？
还没达到什么标准/目标？	我怎样可以提升客户关系？
我们组织的使命是什么？	我怎样可以激励自己/我的团队？
什么能提高我们的客户保持率？	我们怎样可以设计出更好的产品/服务？
我想带来什么改变/想法？	我们怎样可以消除系统中的瓶颈？
需要什么样的控制系统？	我们怎样可以通过更高效的生产方式降低成本？
市场上有什么获利机会？	我们怎样可以吸引更多顾客？
我们可以把什么组织得更好？	我怎样可以对大家做最好的工作培训？
我们可以采取什么步骤阻止零售额的下降？	我怎样可以减轻工作压力？
有什么想做但却从来没做过的事？	我们怎样可以把这个部门运作得更好？

理解工具包

输入

  当前出现的挑战

过程

  详细检查相关信息并定义挑战

工具

  定义和理解模板

  5W1H 模板

  转换视角模板

输出

  清晰定义的挑战

  创意过程从你确认的挑战开始。在解决方案探测器的第 1 步,你会获得一些实用的工具,帮助你如激光般专注于你的问题、目标、项目或处境。进行本阶段的练习时,请确保记录下你在定义问题过程中的所有活动,并且把你的笔记记在同一个地方,方便查阅。本阶段的画布模板可在 www.thinking.space 下载。

1. 定义和理解模板

第一个模板的目的是促使你和你的团队全神贯注于问题,更好地理解问题的来龙去脉。检查你的目标和想法,定义或重新定义挑战,并对你的假设进行审视。

确认你的挑战和期望的结果

尽可能简洁地阐明你的目标、挑战、项目或愿望。使用邀请式的语言(引起探索的短语或问句)可以打开你的思路,对问题进行发散式思考,比如"如果……会很棒"或"我们……的话会怎样?"这可以阻止你过早地把问题围堵住。列出你理想的结果和可以接受的结果。如果你有无限的时间和资源,你想达到什么目标?成功的标准是什么?什么样的结果算是"还不错"?采取行动后你预期可以得到哪些积极结果,把它们都记下来,这为你的问题解决行为设定了目标和方向。

描述意见和障碍

接下来的一步,把你对于面前这个挑战的最初的意见和想法写下来。为什么需要做出改变?这个问题让你感觉如何?寻找新想法是必需的吗?你的直觉告诉了你什么?这个问题最讨厌或最让人苦恼的地方是什么?在这个阶段,请确保你记录的只是意见和看法,而不是点子。把脑海里冒出来的点子都先放到一边,在解决方案探测器的下一步(构思阶段)再把它们请回来。想一想与你的挑战相关的边界和局限。比如说,是否缺乏支持?你是不是还没有足够的影响力能够应对这个挑战?这些思考很好地奠定了基础，你可以据此收集数据，进一步加深对问题的认识。

重新定义挑战

现在开始斟酌阐述问题时的文字表达。你对问题的第一印象绝不是唯一的表述。用多种不同的表述重新定义挑战，可以让你转换焦点并找到最有益的方向。每一次更换问题的表述方式时，你都换到了一个新的出发点，看着眼前已有的信息也会觉得焕然一新。这个策略可以帮你把一个消极的观点转化成一个积极的观点，为你的问题解决带来更多能量。下面我们来看一个例子。如果你是一名部门经理，你走到部门同事身边说了一句：

"我们要想办法提高你们的生产力。"

你觉得接下来会怎么样？不仅你的同事会对自己目前的表现感到很糟糕，而且你也会扼杀掉他们提出新颖想法的能力。他们会陷入一种僵局，想尽一切方法"更努力地工作"。但是，如果你的措辞改为：

"我们要想办法看看怎样能让你们的工作轻松些。"

这句话会产生什么作用呢？你会把问题变得简单，也会把本来看上去消极的情况扭转成积极的。到最后，问题还是同一个问题，但大家的感觉和看法都不同了，你也因此可以用更直接、更有创意的方式进行应对。如果工作出现了一些问题，或想把问题看成一个机遇，这都是一个特别有利于提升士气的方法（Cotton, 2016）。

重新定义也能让问题变得**简单**，有利于激发新想法的产生。如果问题给我们的负担过重，我们就会被其复杂性困住。当我们觉得自己彻底了解一个问题时，这种情况经常发生——我们花了大量时间了解问题，经历了复杂的过程分解问题，寻根问底并确定这就是那个正确的问题。好消息是，我们确切地了解了问题到底是什么。但不那么好的消息是，我们获得了太多信息，了解得太彻底了。我们堆积了大量理由支持和反对各种做法，想到了无数可以采用的方法。那会发生什么呢？各种各样互相冲突的想法在脑海中推拉，堵死了我们的思路，我们的想法也停止流动。这一切都可以通过重新定义问题回到基本的正轨。从本质上来说，这个过程就是把花里胡哨的部分都去掉，只去看最核心的部分。

> **案例研究　乐高回归根本**
>
> 　　看清楚你的挑战或任务，是寻找创意解决方案的最佳方式之一。20 世纪 90 年代时，乐高把业务扩张到软件游戏、童装、生活时尚配件、主题公园、电视节目等领域，却也让乐高这个品牌在消费者眼中变得支离破碎。到 2003 年，这个标志性玩具生产商已濒临破产的边缘。尽管没有人能说乐高不创新（事实上，乐高有很多高度创新的项目正在进展），但显然它已经迷失了方向。直到乐高回归根本，重新专注于它的核心业务——由积木构建的玩具系统，才得以回到正规，"重建"商业成功。

找出假设

"定义和理解"模板包含了一个"假设矩阵"（Souter，2007），帮助你更好地理解问题，质疑那些几乎看不见的假设。请在左手边的一栏（我们知道什么）列出关于问题的所有**事实**，这些必须是完全真实可鉴的事实。如果有一些点是你无法证实的，必须归入第二栏的**假设**（我们以为

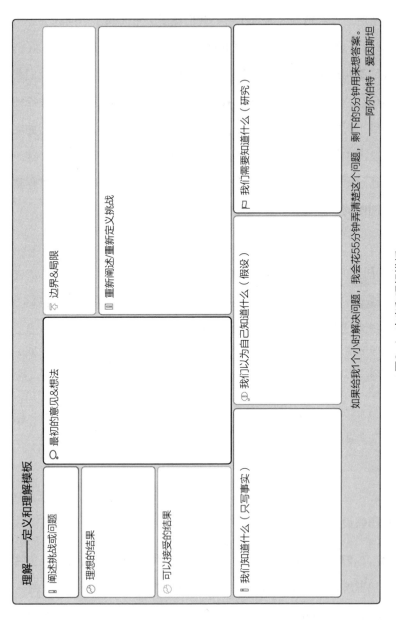

图6-1 定义和理解模板

自己知道什么）当中，这些是你以为自己知道，但却无法证实或你还没能力证实的事情。这个过程可能让你找出跟挑战相关但却被忽视了的地方。这些是你需要知道的信息，所以请把它们归到第三栏的**研究**（我们需要知道什么）当中。

最终，你应该能清楚自己知道什么，以为自己知道什么和需要知道什么。尝试理清问题时，专注于事实，并寻找你需要知道的信息，这样就不会在黑暗中前行。

2.5W1H 模板

这个工具用于收集数据，帮助你认真处理"真正"的问题——如果你的挑战比较抽象或模糊，这个工具非常有用。完成这一步骤的明智方法就是使用最普遍的那几个问题——"是什么""为什么""在哪里""什么人""什么时候"和"怎么样"。从不同的角度收集信息，走近问题，通常能发现一些非比寻常的视角和见解。对于信息量很大的复杂问题，这个方法非常有益，因为它能帮你审查和推断出最重要的东西。

> 我们通过问题经营公司，而不是答案。
> ——埃里克·施密特（Eric Schmidt），谷歌前主席、前 CEO

是什么？ 事实是什么？既要观察统计数字、历史、时间因素等硬数据，也要观察意见、人员因素、态度和行为等软数据。你已经尝试过什么方法来解决问题？哪些比较有效，哪些没有效？你试图达到什么？简述你的**目标**或目的。比如说，你是想试图"更好地了解顾客"还是"获得政府合同"？

理解——5W1H模板

是什么?
事实是什么?
我的目标或目的是什么?

在哪里?
我可以在哪里最好地解决问题?

什么人?
什么人能帮忙?
什么人会受益?

什么时候?
截止期限是什么时候?

怎么样?
这会怎么样影响人们或影响行动?
它会怎么样进展?

为什么?
为什么这个挑战会存在?
问5遍为什么
1.
2.
3.
4.
5.

图6-2　5W1H模板

为什么？ 如果你有孩子，你一定很熟悉这种令人抓狂的"十万个为什么"。连四岁的孩子都知道问"为什么"是学习和深入了解一件事的好办法，但作为大人的我们却不再这样做，因为我们要么觉得这样不够成熟，要么觉得自己已经洞悉一切。在你把问题或目标弄个水落石出之前，至少应该问五次"为什么"。这个方法可以很好地保证你解决的是问题的根源而不只是症状。五个"为什么"由领先的日本汽车制造公司丰田首创并推广，它是丰田的一个管理工具，故事起源于一个焊接机器人在某次展示出了故障（Ohno, 2006）。以下是一个例子：

（1）为什么我们这个月失去了客户XYZ？

因为我们没有按时完成任务……已经不是第一次出现这种情况了。

（2）为什么我们没有按时完成任务？

因为我们分配到这个项目的熟练技工人数不够。

（3）为什么我们分配到这个项目的熟练技工人数不够？

因为没多少员工受过这项专业工作的培训。

（4）为什么我们的员工没有接受必要的培训？

因为我们的预算不够向他们提供专门培训。

（5）为什么我们培训的预算不够？

因为培训不是公司优先考虑的事。

到这儿我们就能发现根本原因了！顺便提醒一句，你不一定止步于五个问题，你可以一直问下去，直到你对问题的根源有尽可能全面的了解。

在哪里？ 你可以在哪里解决问题？你可以在哪里找到额外的帮助？找出可以帮你解决问题或执行方案的最佳地点或环境。你的挑战可能在办公室或某个特定部门（比如生产部或客户服务部）就可以轻易解决，又

或者要在某些特定的分支机构、商店甚至是客户的办公室才能更好地解决。

什么人？什么人有助于解决问题？什么人会因问题的解决而获益？确定出跟解决方案相关的某个人或某些人，直接相关的和间接相关的都要考虑。比如说，如果某家连锁超市出现客服不佳的问题，解决问题的大部分责任应该落在店内客服柜台的员工身上，因为他们是与顾客直接接触的人，当然管理他们的主管人员也应该负责。如果算上间接相关，涉及的人就更多了。例如，公司总部的主要成员可以帮忙研究和推出更好的客服方案并在全公司实行，人力资源部的同事也可以提供支持，解决员工士气低迷的问题。

什么时候？你需要什么时候准备好解决方案？严格点说，你的截止期限是什么时候？这个问题很关键，因为它能为你剩余的问题解决过程安排好时间。如果你的挑战是要发展新的营销活动或新的产品线，你计划推出的时间是什么时候？你在这里做出的决定将注入你的行动规划，帮助你及时赶完早期任务，保持进度。

怎么样？这个问题或挑战会怎么样影响人们或活动？探索这个问题对特定任务、部门、资源、产品或工具的影响。这个问题会怎么样进展？它已经带来担忧多久了？

案例研究　爱彼迎——定位问题，颠覆市场

爱彼迎的例子可以充分说明，关注一个问题可以带来创新答案。爱彼迎在全球范围内让家有空房的房主可以把空房供他人进行短租，这个网站的理念最开始来源于一个问题的替代方案——酒店房间都订满了（Salter, 2012）。

第二部分 解决方案探测器

> 2007年，旧金山举办了一场大型设计会议，家在旧金山的两位创始人布莱恩·切斯基（Brian Chesky）和乔·杰比亚（Joe Gebbia）发现了赚外快的机会，便是可以把他们空出来的房间租出去。他们意识到人们对经济实惠的住宿有着巨大的需求，于是很快赶制出一个网站，让人们可以把自己的房间放到网上，出租给留宿的客人，每单预约网站都会在中间收取9%到15%的提成。仅仅十年，爱彼迎的市值已经达到310亿美元。

3. 转换视角模板

探索问题，摆脱思维约束的一个独特的方法，就是暂时假装自己是别人。分析问题的时候，你自己的视角或立场让你只能以单一的方式看待事物，因而解决问题时很可能得到跟以往经历过的情况相似的结果。简单地借助他人作为参照点，迫使你打破了自己的常规模式，可以极大地帮助你用有创造力的方式看待事物。每个人的背景、经历、专业领域和兴趣都不一样，不同的人看待事物的方式也有所不同。真人秀节目上的明星会怎么看你的问题？护士呢？8岁的小孩呢？公交车司机呢？只需在脑海里借用他人的视角，以新鲜的眼光看问题，你就可以离开自己狭隘的视野，打开一个全新的世界。这是一个很有意思的方法，能让每一次平凡的会面变得充满乐趣。以下是具体的步骤。

第1步，确认不同的参照点

随机选择与你身份、状况或专业领域不同的人作为参照点。你可以选择受此问题影响的人，比如同事、顾客或合作伙伴，但选择与问题毫不相关的人会好得多，比如艾伦·休格爵士（Sir Alan Sugar）[一]、你的姐妹、一个农民或者是你欣赏的人。你可以用卡尔·荣格（Carl Jung）[二]描述的原型（比如英雄、情人、智者、魔术师、法外之徒等），也可以用童话故事的角色（比如白雪公主），甚至还可以用超级英雄（比如超人）。你选择的种类越多越好，因为这样你就能有一个更宽广的视野作为你解决方案的基础。表6-2给出了你可以探索的一些视角例子。

表6-2 视角示例

母亲/父亲	诗人	空乘人员
小丑	图书管理员	孩子
赛车手	蜘蛛侠	发型师
医生	政府部门部长	金·卡戴珊（Kim Kardashian）[三]
会计师	音乐家	列奥纳多·达·芬奇（Leonardo da Vinci）
单口相声演员	退休人士	销售经理
霍默·辛普森（Homer Simpson）[四]	教师	科学家
一只狗	伊丽莎白女王	威尔·史密斯（Will Smith）[五]
拿破仑	比尔·盖茨	绿巨人
足球运动员	主厨	侦探
飞行员	灰姑娘	记者/新闻工作者

[一] 译者注：艾伦·休格爵士，出身贫寒，在伦敦东区的政府工房里长大，后来成为一名百万富翁，是商界成功人士的代表和电视名人。

[二] 译者注：卡尔·荣格，瑞士著名精神分析专家，分析心理学创始人，提出了12种人格心理原型。

[三] 译者注：金·卡戴珊，美国娱乐界名媛，服装设计师，演员，企业家。

[四] 译者注：霍默·辛普森，动画片《辛普森一家》中的角色。

[五] 译者注：威尔·史密斯，美国演员，歌手，制片人。

第 2 步，探索每个观点

接下来，思考一下每个人会怎样看待你的这个挑战。设身处地站在他们的立场上思考，把自己置于他们的思维模式或环境当中——想象他们会怎么想或者描述这个挑战。尝试问出下列问题：

- 哪些因素对他们很重要？
- 他们可能会关注问题的哪个方面？
- 他们会如何描述问题？
- 他们的描述跟我的会有什么不同？
- 有没有可能他们根本看不到问题？

把所有视角的想法写在你的画布上。举个例子，你觉得你父亲会怎么看待这个问题？如果是小丑又会怎么说？可能会有截然不同，甚至是稀奇古怪或让人捧腹大笑的说法冒出来。牧师可能会寻找事物深处的精神意义，而律师则会在陈述案情前充分检查对立双方的证据。如果可以的话，请与其中一些人直接谈谈，把他们所说的话记录在画布上。注意每个人对待问题的相似点和不同点。

另一个转换视角的方式是用另外的眼界看待你的挑战。问自己这三个问题：

- 如果我无所畏惧，我会怎么做？
- 我需要采取什么不同的方式来找到解决方案？
- 一年后回看自己对这个挑战的处理方式时，我会说些什么？

这种深入的思考迫使你瞄准核心——你到底想达到什么以及为什么想达到它。同样地，请记录下你的回答。

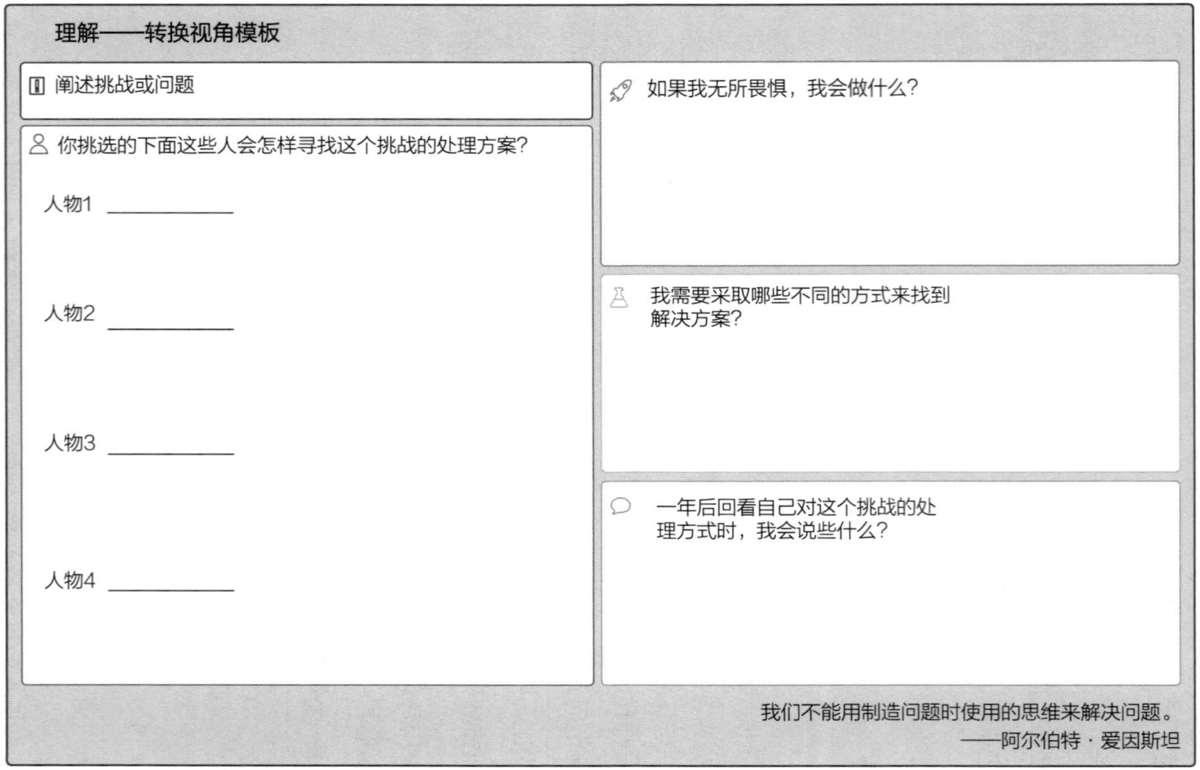

理解——转换视角模板

阐述挑战或问题

你挑选的下面这些人会怎样寻找这个挑战的处理方案?

人物1 _____

人物2 _____

人物3 _____

人物4 _____

如果我无所畏惧,我会做什么?

我需要采取哪些不同的方式来找到解决方案?

一年后回看自己对这个挑战的处理方式时,我会说些什么?

> 我们不能用制造问题时使用的思维来解决问题。
> ——阿尔伯特·爱因斯坦

图6-3 转换视角模板

第二部分　解决方案探测器

第 3 步，整理最初的想法和点子

仔细思考这些视角，简单记下那些你脑海中想到的应对挑战的大致想法。这些人会怎么应对这个挑战？他们可能会有什么样的点子或方法？他们会采取什么行动？这些点子对你的情况有帮助吗？这一步可以帮助你找出很多独出心裁的新策略。

有时候，那些看似与你的问题最无关紧要的那些视角恰恰能为你带来你所追寻的灵感。如果你的问题是"提高销量"，你从一个青少年的角度看这个问题的话，答案可能会是在产品上增加更多好玩有趣的特性让顾客更愿意花钱。又或者，你可以向会员赠送一些时尚的会员专属赠品，让他们感到自己是"组织的一部分"，以此增加回头客。看到这个方法的奥妙了吗？

理解检查清单：要做的事和不要做的事

要在创意过程中保持头脑清醒，其中一个最简单也最有效的方法就是使用检查清单。因此，除了解决方案探测器的画布模板，我也准备了一系列现成的检查清单作为一种简单的提醒，帮助你管理自己的思维。我一般把检查清单贴在桌边的墙上以便查看，这样我就可以在创意过程中不断专注于当前阶段。理解检查清单为你定义问题的所有活动提供支持，提醒你关注挑战的时候什么应该考虑，什么不该考虑。每一次开始任何形式的创新项目之时，请下载并查看检查清单：www.thinking.space。

理解检查清单：要做的事和不要做的事

要做的事	不要做的事
✓ 确认真正的问题——注意不要只处理症状	✗ 从结论出发
✓ 找出谁会带来帮助	✗ 临时凑合
✓ 形成意见	✗ 对所有事情做假设
✓ 收集事实	✗ 获得意见之前就收集事实
✓ 设定边界	✗ 寻求一致意见
✓ 同意目标	✗ 担心别人的反应
✓ 查明某个决策是否必要	✗ 在这个阶段就对选项有不同的偏好
✓ 利用过去的经验——思考遇到类似问题时，使用以前的解决方案会带来的最好结果和最坏结果分别是什么	✗ 快速反应（除非是在生死关头）——做出战略性反应
✓ 用不同的方式重申挑战	✗ 考虑折中方案
✓ 探索意见不合之处	✗ 除非有不同意见，否则继续前进
✓ 从最好的出发，然后思考什么是可以接受的	✗ 使用传统的评估方法（或者只是对传统评估方法进行微调）
✓ 找到适合该挑战的评估方法	
✓ 判断该问题是否属于可以用现有模式解决的一般性问题	
✓ 声称的每一件事都要求有证据支撑	

图 6-4　理解检查清单

关键要点

创意过程的第一步就是要明确并定义你的问题。对问题进行分析，能帮助你在开始寻求解决方案之前，理解面前的事情、目标或机遇的全部本质和根源。

- **定义和理解模板**。列出对问题的说明、期望结果、意见、边界/局限，为你的问题解决行动做好准备。重新定义你的挑战，用全新的、积极的方式看待问题。发现自己知道什么（事实）、自以为知道什么（假设）、最终需要知道什么（研究）。
- **5W1H 模板**。为你的决策收集数据。通过询问"是什么""为什么""在哪里""什么人""什么时候"和"怎么样"来审视你的问题，更好地理解问题。
- **转换视角模板**。通过他人的眼睛看待挑战。从不同的角度接近问题。这能帮助你打破惯常的思维模式，赋予问题全新的意义。
- **理解检查清单**。在你定义挑战的时候，参考这份清单帮助你掌控自己的思路。

参考文献

Cotton, D（2016）*The Smart Solution Book*：68 *tools for brainstorming, problem solving and decision making*, Pearson, Harlow

Lehrer, J（2012）*Imagine*：*How creativity works*, Houghton Mifflin Harcourt, Boston, MA

Ohno, T（2006）[accessed 13 March 2018] Ask 'Why' Five Times About Every Matter, *Toyota Traditions*, March [Online] http://www.toyota-global.com/company/toyota_traditions/quality/mar_apr_2006.html

Robertson, D (2013) [accessed 16 March 2018] Building Success: How Thinking 'Inside the Brick' Saved Lego, *Wired*, 9 October [Online] http://www.wired.co.uk/article/building-success

Salter, J (2012) [accessed 13 March 2018] Airbnb: The story Behind the $1.3bn Room-Letting Website, *The Telegraph*, 7 September [Online] https://www.telegraph.co.uk/technology/news/9525267/Airbnb-The-story-behind-the-1.3bn-room-letting-website.html

Souter, N (2007) *Breakthrough Thinking: Using creativity to solve problems*, ILEX Press, Lewes, East Sussex

Statista (2018) [accessed 16 March 2018] Airbnb-Statistics & Facts [Online] https://www.statista.com/topics/2273/airbnb/

07 解决方案探测器
步骤 2：构思

——

创意领导的职责不是产生所有想法，而是创造一种氛围，让每个人都能产生想法并感受到其想法受到重视。

——肯·罗宾逊（Ken Robinson），
教育及创造力作家和国际顾问

创意思维手册

生成性思维

我们都知道，创意不是凭空出现的。尽管我们会有灵光一现、大喊"我找到了"的时候，但成功的创意更可能是系统化过程的产物。你已经在步骤1中打好了基础，确定了你的挑战，所以你已经知道你需要处理的是什么了。现在我们将进入一个有趣的环节——针对你定义的那个挑战提出大量想法。在步骤2中，我们要做的就是激发产生新想法的生成性思维。这意味着对现实进行延伸，释放疯狂的想法，用新的方式把已有的概念联系起来，以及在别人的想法的基础上建立新想法。本章，我们将学习如何管理头脑风暴活动，使你成功的机会最大化。紧接着的下一章我们将讨论构思工具包里的各种创意技巧，可供个人或团体进行头脑风暴时使用。

头脑风暴——这有用吗？

亚历克斯·奥斯本（Alex Osborn）于1953年发明了头脑风暴，它是团队为解决问题探索大量想法、寻找新方案而进行的一种创意会议。自那时起，头脑风暴便成为大部分企业的一个默认仪式。在寻找新想法？来一场头脑风暴吧。遇到了烦人的问题？来一场头脑风暴把它扼杀在摇篮里吧。这是目前使用最广泛的创意思维技巧，也是所有问题解决过程和决策过程的重要部分。

头脑风暴近来遭受到了攻击，批评它的人认为这只是在浪费时间。如果你曾花上好几个小时和同事困在一个房间里，不停地翻动挂板，把便条贴得到处都是，而最后却只得到平庸的结果，并没有体验到得出绝妙想法时所迸发的热情，为此感到泄气不已，那么，人们说这样是浪费时间也就不奇怪了。

让我们来看看一群人聚在一起为了寻找商业挑战解决方案而进行的头脑风暴会怎样演变吧。假设琳达提出了一个解决问题的点子。其他组员的脑海里会经历些什么呢？几乎在她提出的同时，其他组员就会开始分析和评价这个点子（安静地想着或者公开说出来），可以想象，他们脑中的反应会是下面的其中之一：

- 我同意这个点子，我会尽我所能支持它。
- 我不同意这个点子，所以我会尽我所能阻止它发生。
- 这点子也许可以吧，我继续听一听，考虑考虑。
- 我刚刚没在听。她说了什么？

在最开始，大部分组员就已经进入反应性或选择性的思维模式——在他们的大脑里，他们已经决定好走某条道路并且开始前进了。这根本不是头脑风暴！正确的思维模式是要产生新想法或对新想法抱有开放的态度，而这些人已经脱离了正确的思维模式。

团体头脑风暴 vs 个人头脑风暴

20世纪50年代，头脑风暴诞生之后，创造力愈发成为企业的一种团

体活动，尤其是在大企业里。俗话说得好，"三个臭皮匠顶个诸葛亮"。有什么比大家聚在一起提出想法更好的做法呢？于是，所有人都随大流参与团体头脑风暴——团队合作正当道，独自行动已经过时。这也挺好的，但有趣的问题来了。学术研究强烈表明，比起在团队中共同合作，个人独自工作时能产生更多且质量更高的想法。

研究人员迪尔（Diehl）和斯特罗毕（Stroebe）查阅了大量于1958年之后研究的相关实验结果，也做了他们自己的新实验。他们发现，在15分钟的时间限制内，个人提出的想法平均数量为84个，其中有13个属于优质想法。对比之下，头脑风暴团队提出的想法平均数量只有32个，其中只有3个是优质的。

团队生产力流失，这背后的原因是什么呢？对某些人来说，身处团体所感到的压力会使他们分心。你也许已经注意到，一个团体通常会由几个强势的个人所主导，其他人一般保持沉默，参与度较低。有些人可能不好意思分享他们疯狂古怪的想法（也就是所谓的"评价顾虑"），有些人可能觉得自己的想法不够好，所以直接跟着别人的想法走（"社会惰化"）。还有很多人只是在听其他同事阐述想法的时候难以思考出自己的想法（也叫"生产力阻塞"）。

> **案例研究　群体思维**
>
> 你是否牵头过一次头脑风暴讨论，而你的组员对表达自己的观点或分享想法表示犹豫不决？又或者，你是否曾经在某次会议上不敢作声，因为你不想让大家觉得你在阻碍团队的努力？如果是的话，你面临的便是一种叫作"群体思维"的现象。

群体思维指的是比起表达自己真实的想法和意见，团队成员更希望获得他人认可的一种思维。尤其是这种想法和意见可能违反大家的一致意见时，成员宁可不提出自己的观点。在定期合作且紧密团结的团队中，群体思维尤为明显。为了保持团队和谐与凝聚力，甚至连常识都被拒之门外！

"群体思维"一词由耶鲁大学心理学家欧文·詹尼斯（Irving Janis）于1972年首次提出，当时他发现，缺乏冲突或相反观点的讨论会导致错误的团队决策。他的研究表明，在很多情况下，由于渴望维护团队的团结，人们不愿探索其他的选项，不再收集足够的信息以做出明智决定。英国航空和英国零售商玛莎百货在20世纪90年代实行全球化战略时，主要就是受到了群体思维的影响。由于无懈可击之错觉（illusion of invulnerability，群体思维的典型表现），两家企业都低估了失败的可能性，觉得自己可以抵挡普通的商业问题。由于在决策中过度自信，企业高管犯了很多愚蠢的判断错误，管理沟通也受到严重阻碍。不久之后，两家企业都名声大降，市值大跌（Eaton，2001）。

如果所有人都在唱同一个音符，你永远听不到和声。

——道格·弗洛伊德（Doug Floyd），华盛顿《发言人评论报》

活动　你是一个独立思考者吗？

请看下面四条线：

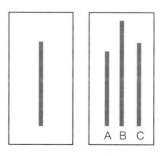

图7-1　所罗门·阿希（Solomon Asch）的从众实验（1951）

你的任务是要在右图的三条线中选一条长度最接近左图的这条线。这对你来说应该难度不大。右图有一条线明显太短，一条则过长，还有一条看上去刚刚好。

现在，想象你跟其他 7 个人一起坐在同一个房间做这个题目，大部分人都选了那根最长的线。你会怎么做？还会坚持你第一反应做出的选择吗？还是会为了跟大部分人意见一致而修改答案？

在 20 世纪 50 年代，心理学家所罗门·阿希（Solomon Asch, 1951）使用这个线条测试题进行了一系列实验，来说明团队从众行为的力量。他发现，在约 8 人为一组的固定条件下，人们为了跟团队保持一致而选择错误答案的概率大概是 1/3。然而，如果让受试者一个人选择正确的答案，他们的正确率会大大提高，选择正确的比例高达 98%（McLeod, 2008）。为什么受试者如此急切地否认了自己眼前的证据？在实验后的访谈中，很多受试者承认，当他们发现其他组员选择错误时，他们不想冒险面对质疑或者遭到排挤。其他人则真的相信别的组员肯定是正确的："他们肯定是知道什么我不知道的。"这个测试表明，与团队同行不一定带你走向正确答案——在团体头脑风暴中苦苦挣扎时，请谨记这一点。

头脑风暴的"现代"观点

尽管早前的学术研究不太认同团体头脑风暴，现代研究则给出了一个不同的、更积极的看法。知名教授罗伯特·萨顿（Robert Sutton）是斯坦福大学设计学院的联合创始人，他认为对头脑风暴的大部分学术研究并没有反映出实际情况（Sutton 和 Hargadon, 1996）。实验中提出的均为假设性情境，要求受试者提出的想法对他们并没有什么实际价值，比如："如果多出一根大拇指，你会用来做些什么？"或者"一块砖有多少种用处？"

另外，研究设计的形式让人们不可能互相参考彼此的想法，也无法跟现存的想法建立联系。

最重要的是，萨顿发现，团队中所谓的生产力流失可归因于聆听他人讲话所花费的时间，而这的确是团队合作必然会有的一环。人们独自工作时对着麦克风提出的想法要比面对面进行团队工作时更多，因为他们不需要等着自己再发言。相关研究没有把聆听他人观点视作一种有效行为，还抨击团队会议比独自工作的做事效率更低。但是，让我们现实一点吧。面对面会谈具有良好的互动性，聆听他人也不是浪费时间，因为比起个人头脑风暴，团队探讨能使人们在每单位时间内接收的想法多得多。萨顿（2012）辩称，"说话和聆听都是创意背后社交过程中的关键要素"。实际上，在某些最受赞赏的创意公司中，合作处于其企业文化的中心地位，比如天才般的皮克斯动画工作室。

由此引出了一个问题：我们是不是非得探究到底是个人头脑风暴还是团体头脑风暴更有利于初始创意过程？高效的创意有赖于二者相结合，既允许富有想象力的想法在个人的脑中产生，也让这些想法能在团体讨论中得到认可。这意味着你需要考虑头脑风暴的实际环境，以及在头脑风暴中使用什么样的技巧和结构。你将在接下来的内容中看到，包含了个人及团队努力的头脑风暴良好策略如何能发挥更好的作用。

你在哪里获得最好的点子？

被问到这个问题时，人们给出了各种各样的答案：

洗澡时；

开车时；

骑自行车时；

早上或晚上醒着躺在床上时。

想法会在我们独自一人处于放松状态的时候出现，通常是我们最没想到它们会出现的时候。既然如此，为什么大部分组织还是选择在团队中进行头脑风暴？这不是白费力气吗？

创新不能只靠运气。独处的时间非常重要，能让你的思绪游走，自由创作，但是，如果只是这样不思进取，以为好点子只有在准备好了才会出现，那你就错了。要让创造力在办公室内外都能产生，否则你的业务永远不会增长。与他人一起头脑风暴为你提供了一个专属空间，让你打开思路，获得新视角，在合作中分享观点，并在他人想法的基础之上互相建立新的想法。Heleo公司的创始人及CEO鲁弗斯·格里斯科姆（Rufus Griscom）说："想法就像人类——不喜欢被孤立或猜忌。它们喜欢交际，跟其他想法进行互动。"（Seppala，2016）

创意咨询公司Idea Champion在一项调查中问人们："你在何时何地获得最好的点子？"（Moore和Ditkoff，2008）结果显示，刺激产生最佳想法的前五个因素分别是：

1. 受到启发时；
2. 与他人进行头脑风暴；
3. 沉浸在一个项目中时；
4. 快乐的时候；
5. 与伙伴合作的时候。

报告指出："我们的调查清楚地表明，人们产生创意同时需要群体和独处两种环境，两种环境都能给人带来灵感。组织能否对两种环境提供足够的支持，将影响组织创新程度的高低。"

如何更好地进行头脑风暴？

头脑风暴作为一种方法，既可以执行得很好，也会很糟糕，相应的结果也会各有不同。如果仅仅因为开了几次会都成效甚微，就认为头脑风暴完全没用，打算摒弃这个方法，那你就错了。的确，很多头脑风暴会议都犹如毫无意义的时间陷阱，但这并非由于头脑风暴过程没有用，而是因为大部分会议都开得随随便便，会上每个人的思维都失去了焦点。不过好消息是，只需要经过一点训练和前期规划，所有人都可以学会更好地进行头脑风暴。纽约州立大学布法罗分校的罗杰·法尔斯坦（Roger Firestien）博士发现，受过创意问题解决和头脑风暴相关训练的团队比没受过训练的团队产生的想法明显更多。更让人欣喜的是，受过训练的团队产生优质想法的数量比未受训团队要多两倍（前者想出了 618 个绝妙的想法，后者想出了 281 个）。此外，受过训练的团队对想法的批判更少，口头支持更多，而且成员们笑得也更多。

优秀的头脑风暴的规则

我们一般不爱把规则和创意联系起来。我们总是忍不住把规则视为自由广阔的思维的对立面；很多规则也的确如此。但是，头脑风暴的规则却有所不同——如果想要参与其中并且取胜，我们就得坚守规则。在影响深远的《应用想象力》一书中，亚历克斯·奥斯本（Alex Osborn，1953）

创意思维手册

概述了四个指导原则,已被认为是头脑风暴的"经典规则"。你肯定对它们毫不陌生,但你敢说你的头脑风暴会议真的都遵守这些规则了吗?

追求数量

创新是个数量游戏。提取尽可能多的想法,你找到那个超越所有已知限制的突破性想法的可能性将大大提高。简短地阐述每个想法,说到精髓即可,不需要描述得太过详细。可以通过设定限额来保持动力和积极性,比如个人独自工作时最低要提出 50 个想法,团体会议则需要达到 150 到 200 个想法,如果能提出来更多就算是意外收获了。想要短时间爆发,可以设定时间限制——"好的,接下来的 5 分钟里,我希望每个组员都给我 10 个点子。"

欢迎疯狂和不寻常的想法

随心所欲是头脑风暴的关键所在。鼓励你的组员拥抱狂野的、不着边际的想法,努力获得那些疯狂而夸张的点子,让他们乐在其中。要开发创意,你就得抱有"一切皆有可能"的心态。有句格言说得好:"如果一个想法在一开始都不荒诞,它还有什么希望呢?"即便某个想法第一眼看上去荒唐至极,十分牵强,你也总是能在之后把它调整成更加实际可行的样子。毕竟,想办法令顾客为你的创意倾倒比单纯地满足顾客需求更好,不是吗?

> 开放的思维就像通往不同维度的大门,在那里一切的不可能都成为可能……
>
> ——迪恩·张伯伦(Dean Chamberlain),昆西(Quincy)乐队歌词

延迟评判

这似乎是最显而易见的一个原则，但却是一个常见的容易使人掉下去的陷阱——在产生足够数量的想法之前，不应该对想法进行批判或评价。任何分析，不论是正面的还是负面的，都会阻碍整个过程，把潜在的解决方案消灭在萌芽状态，使人们不愿意为自己的想法承担风险。这就像开车的时候一只脚踩着油门，另一只脚却踩着刹车——这样你走不了多远的。

如果你不断停下来讨论某个想法到底是好还是坏，或是否决那些稀奇古怪的想法，最终你只会一次又一次困在那些熟悉的旧想法当中。而且，房间里的干劲和气氛会急速变坏，因为人们不敢再发声，害怕自己的想法遭到否定。后面你会有大把机会对想法进行评价——要么是在本次会议的最后一个环节，要么是在聚集想法、做出决策的另一场会议上。但是现在，请暂时先收起你的批判思维，让想象力自由翱翔。

结合不同的想法，在其他想法的基础上构建新想法

瞬间找到完全成形的解决方案，这种情况少之又少。原则上，一个想法萌芽之后，需要经过改进、调整，或在原来的基础上进行完善。你可以鼓励参与者在他人想法的基础上滚雪球，创造出更全面的解决方案，又或者从自己原有的想法出发，提出更新的想法。如果你需要更加切实可行的想法，可以利用这个步骤改造那些与众不同的想法，让它们更贴近现实。另一方面，如果你想要超级激进，可以尝试把两个并不是那么密切相关的想法结合在一起，看看会发生什么。比如最近的创新产品 Trunki 儿童行李箱：这家英国公司把骑乘玩具和行李箱这两个想法相结合，发明出了儿

童骑坐式手提带轮行李箱。这个发明一次性满足了顾客的两种需求，既满足了家长想要的功能性和实用性，又可以作为孩子们的玩具。

小贴士

汇集各种可供选择的想法时，第一个 1/3 通常是显而易见的想法，第二个 1/3 是那些古怪荒唐的想法，但最后的 1/3 包含了最有创意的最佳想法——既新颖又实用。毫无创造性或不切实际的想法都很容易发现，但如果要找到既切实可行又具有独创性的想法，你必须要不断探索。

案例研究　没有坏想法

你怎么处理头脑风暴中得到的那些"坏"想法？把它们用作好想法的垫脚石吧。想法本身并不会"坏"，因为它们总是可以跟其他东西建立联系。一个想法不够好，可以鼓励你向前探索、转化和发现，直到最终得到一个很棒的想法。

3M 公司的员工斯宾塞·西尔沃（Spencer Silver）曾偶然开发出一种粘力非常差的胶水，虽然可以粘住物体，但也很容易撕下来。最开始，这个产品被认为是彻底的失败，并被束之高阁。多年以后，3M 公司的另一位产品开发工程师亚瑟·佛莱（Arthur Fry）发现，这种黏合剂可以很方便地粘住他在赞美诗集上做的页码标记，防止标记掉落，这样一来，他在教堂唱诗班唱歌时就不会找不到页码了。佛莱还发现，这样贴上去的标记可以轻易地撕下来，而且不会损伤页面。于是，身价好几百万的 Post-it 便利贴由此诞生。在这个案例中，粘力极弱的胶水作为垫脚石，转化成了一个不可思议、无比成功的想法。

"正确"的头脑风暴策略

要实现高效自由的头脑风暴，秘诀就是既要体现出个人贡献，又要充分发挥团队合作的协同作用。在这一节，我将介绍让头脑风暴有效运作的流程。我所描述的这个方法结合了个人和团队的头脑风暴，让我的团队产生出更多更好的想法。

会前准备

地点

找一个舒适、安静的房间，根据所需的时间预定好场地（快速的小型会议也至少需要一个小时，但为了充分打开思维，使其不受限制，最好安排两个小时或以上）。理想情况下，进行头脑风暴的场所应该远离你的惯常环境或工作地点，但实际操作时也许难以做到。请尝试营造一种非正式的气氛，鼓励有趣和平等的讨论。如果可以的话，布置成圆桌会议的样子（想想亚瑟王⊖），或者让大家围坐成开放式的圆圈，而不是死板地坐成排。你也可以提供一些激发创意的小道具，比如有趣的杂志或彩色笔。没有人会拒绝零食和饮料，毕竟脑力活动总是会消耗大量能量。

⊖ 译者注：亚瑟王，英格兰传说中的国王，圆桌骑士团的首领。

创意思维手册

选择你的团队

众所周知,人是公司最重要的资产,但是得是适合这个岗位的对的人。选择团队时,请确保你的人员组合健康合理,他们应该在公司里承担不同的任务与职责,既有内向的人,也有外向的人;既有目标问题的相关专家,也有非专业人员。为什么这很重要?来自不同领域和背景的人能为团队带来多种多样的视角和观点,获得"不同的"想法用于筛选的机会也就大大增加。杰利·赫胥博格(Jerry Hirshberg)在《创意的优先级》(The Creative Priority)一书中指出,人与人之间不同的思维方式常常激发出有趣的新想法。把团队人数控制在5~10个人,这样比较便于管理。如果团队规模太大,很难保证每个人都有"广播时间";如果团队规模太小,又会缺乏足够的多样性,难以激起创新讨论。亚马逊的创始人和CEO杰夫·贝佐斯(Jeff Bezos)定了一个规则:应该把团队人数控制在两个比萨饼就可以喂饱所有人的程度(Quinn,2016)。这相当于每个会议的参与人数都在5~8个人之间。记住,你还需要一个协调人或主持人,为会议提供引导和支持。

工具

收集你需要用来记录想法的物料,比如活动挂图板或白板、马克笔、计时器、便利贴和一些白纸。使用技术工具或软件对想法进行整理能让之后的分享更加简便,因此以电子形式记录想法也许是个很好的选择。

准备一套构思技巧和游戏,帮助你激发团队创造力,带领你发现不同的见解。下一章提供了一系列工具供你选择,这些工具在团队中的应用十分简便。

> **头脑风暴不是游戏**
>
> 有些人对头脑风暴有所误解,认为它是在玩游戏,就像用乐高积木或橡皮泥堆砌出一些没什么用的东西那样。甚至还有人戏称它为"游戏风暴"。游戏、玩具或者破冰活动当然可以活跃气氛,给大家酝酿想法的机会。但是,游戏本身只是正式的头脑风暴的一个辅助。头脑风暴不是由游戏引导的活动,而是一个精心组织的过程,以确保每个人在正确的思维状态中进行深入的创意思考,表达丰富的见解和想法。也许听起来有悖直觉,但严谨的组织并不会让头脑风暴的趣味性减少。当人们被引导进入心流状态⊖后,好的想法会不断出现,而不是间歇性地冒出零星巧思。有效的头脑风暴应该是一个有意识的专注过程,而不是盲目的无意识过程。

焦点

向参会者简单介绍会议的内容和需要遵守的规则,你可以提前通过邮件完成这一步。确保团队成员了解会议希望达成什么目标。一个不错的做法是把问题描述写下来,字写得大一点、清楚一点,贴在会议室显眼的位置,作为一种视觉提醒,让大家在会议过程中专注于任务。

⊖ 译者注:心流状态,state of flow,心理学术语,将个人精力完全投注在某种活动上的感觉。

会议安排

头脑风暴之前

所有人集合后,对会议进行必要的介绍,为展开最佳构思会议制定基本规则(我们上面提到的 4 个规则)。简明清晰地阐述你想解决的问题(参考你之前的简介),为会议做好准备。介绍相关的历史、背景或事实信息,确保团队成员有一个充分的了解,你会希望在会议开始之前,所有成员的步调可以一致。你的挑战可能是为下一个产品线命名,解决生产线效率低下的问题,改善内部沟通流程,或者是重新设计一个部门——什么挑战都可以。如果你遵循了解决方案探测器步骤 1 的指示,准确地定义了你的挑战,那么这一步应该很快就能完成。解释清楚让人感到困惑的地方。指定一名协调人引导会议,确保大家可以不断提出想法,漫长的讨论不应该出现在构思阶段。这个人应该有强烈的团队意识,以鼓励每个人做出同等的贡献。协调人还可以同时担任抄写员,负责收集和记下大家的想法。接下来,按照以下三步开展会议,期间请保证休息时间。图 7-2 向你展示了一个良好的头脑风暴形式。

> **小贴士**
>
> **休息**。密集的构思过程很容易引起疲劳,因此,你们需要不时地休息一下,以持续点亮创意的火花。而且,休息也有助于酝酿想法,因为我们给了潜意识对问题进行细想的时间,从而产生更多想法。

第二部分 解决方案探测器

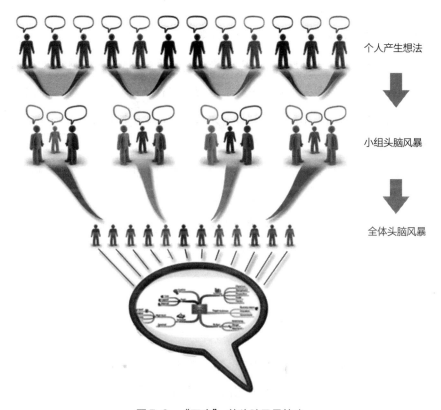

图 7-2 "正确"的头脑风暴策略

第 1 步，个人产生想法

首先，请你的团队成员进行个人的头脑风暴，为之后的团体讨论做准备。每个人可以自由发挥，也可以使用 08 章里提供的工具。在紧张忙碌的当今世界，我们经常会忽视创意过程中最安静的部分，喜欢直接跳到狂热而（通常）低产的团队讨论环节。本阶段为每位参与者提供了一个思考的空间和公平的环境。

创意思维手册

在团队讨论开始之前，鼓励每个人清理自己思维的每个角落，写下尽可能多的潜在解决方案。如果你等大家聚齐了再开始头脑风暴，你就会发现整个会议受群体思维所支配，社会惰化、评价顾虑和生产力阻塞的负面影响也随之而来。个人独自思考时，他们无须背负社会压力，可以自由地探索自己的想法而不用担心受到批评，因此在这个阶段，即便是最安静的成员也能够提出想法。机智的想法不一定来自热情外向的成员，畅销心理书《安静：内向性格的竞争力》的作者苏珊·凯恩（Susan Cain，2012）说，最有影响力的想法常常是由内向的人在独自工作时产生。人们既不用被富有魅力的人比下去，也不用依赖团队的其他成员来刺激思维——鼓舞他们的是他们自己的创造力。而且关键的是，他们不需要因为等待他人发表想法而中断思考。

第2步，小组头脑风暴

下一个环节是把所有人分成3~5人的小组，以小组为单位，让组员们互相交流想法，汇集每个人的想法并整理出一个文件。在小组中，个人会感到更自在，更愿意贡献想法，因为这为他们分享思想和观点提供了一个安全的空间，活力分子在小组中能更好地受到控制，强势的沟通者也不能支配整个讨论。而且，人们不会自动进入反应性思维，因为在第一阶段他们已经表明了立场，粗略写下了自己的想法，整个过程会更加客观和专注。小组成员可以互相分享观点，共同讨论，选出想在下一阶段继续推进的想法。

这也是一个很好的筛选阶段，因为组员之间相似想法的概率通常很高。互相对照并把相似的想法合并在一起，能够减少想法的数量，避免重复出现，反过来这也能让过程更好管理。大家共有的通常是那些显而易见的想法，也就是没那么创新的想法。各小组应该在"异常值"（也就是组员提出的独特想法）的基础上建立好的想法。

主动酝酿

头脑风暴最强大却经常被低估的一个环节就是酝酿（incubation，又称孵化），抛开问题，休息一下，做点无关的事。给人们一点时间去酝酿刚刚在头脑风暴中出现的想法，这样做的重要性再怎么强调也不为过。休息的时候，他们的大脑仍会继续思考，思考挑战本身以及自己或团队提出的初始想法和方案。大部分人认为头脑风暴是个单一的环节，但这没有把让参与者酝酿的时间考虑在内。即便是最有创造力的个人，也需要让想法稍作沉淀，在脑海中仔细考量，直到最佳想法显现出来。

悉尼大学的研究人员证实了酝酿可以提升创意表现（Ellwood 等人，2009）。在实验中，90 名受试者被分成三组，要求在 4 分钟的时间里尽可能多地说出一张纸的不同用途。第一组的人在 4 分钟里连续作答，中间没有休息。第二组的人在 2 分钟之后被打断，去完成另一个与创意相关的任务（给出指定词语的同义词），之后再重新回到原来的任务做完剩下的 2 分钟。第三组的人也是在 2 分钟后被打断，但中断后要做的是另一件毫不相关的事（迈尔斯-布里格斯类型指标⊖测试），完成后再回到原来的任务做完剩下的 2 分钟。尽管所有人做任务的时间都是 4 分钟，但第三组（有时间酝酿的那组）休息之后产生的想法是最多的，平均有 9.8 个。第二组产生想法平均 7.6 个，而没有休息的第一组每人平均只提出了 6.9 个想法。结果表明，留出时间让最初的想法酝酿，哪怕只是短暂休息或者换一个新鲜的环境，都能够大大提升创意输出。

⊖ 译者注：该指标以瑞士心理学家荣格划分的 8 种类型为基础，形成由 4 个维度、8 个端点组合成的 16 种人格类型。

企业喜欢安排从早到晚的战略会议或者头脑风暴，因为这似乎是对时间的有效利用，其实不然。头脑风暴不是一次性的活动，而是一个需要认真对待的过程。例如，一个公司想安排一整天的时间为某个问题制定战略。与其在一天之内开满 8 小时的战略会议，不如把整个过程安排在 8 天内完成，每次讨论 1 小时，比如可以在每天早上开会，因为大家在早上比较精神。

要充分发挥酝酿的积极作用，最简单的一个方法是"少量多次"地进行头脑风暴。请在工作过程中穿插足够多的休息，并且每次休息后都做点不一样的事。四场 30 分钟的构思会议比一场长达 120 分钟的会议更好。每次休息时，你的潜意识会在后台继续保持工作，得到更有力的观点和改善。根据我们自己以及合作企业的经验，一场大会跟很多场小会之间的效果差别非常显著，我们不应忽视这一点。

第 3 步，全体头脑风暴

最后一个阶段是把所有人集合在一起，收集并讨论所有的想法，对它们做一个总结性记录。这一步最好由协调人执行，按顺序收集每个人/每个小组的想法，一次收集一个，把所有的想法记录在白板、挂图或屏幕上，整理成一个公共文件，然后对每个想法进行同等时长的讨论（Delbecq、Van de Ven 和 Gustafson, 1986）。另一个不错的选择是用图表或者思维导图（而不是清单）的形式记录想法，这样能够很好地整理想法，利用不同的颜色和代码进行归类（Buzan 和 Griffths, 2010）。

协调人在会议室里四处走动，逐个小组收集所有的想法——好的、不好的、一般的，这样做是为了营造公平的环境。如果收集的想法比较类似，就可以归到同一个类别。每个人的贡献都是宝贵的，所以一定要感谢所有人，不论他们提出的想法是新颖的还是重复的，都值得感激。

第二部分 解决方案探测器

分享完所有的想法后，协调人引导大家开始阐明、扩展和改进每一个想法，不要让成员们互相打断对方，如果人们的注意力转移，就把他们重新带回到原来的讨论焦点上。表述的时候始终使用"我们"一词，说明这是团队的努力。有一点很重要，那便是成员们应该对所有的想法都给予支持，纳入考虑范围，哪怕有些想法看上去没有说服力、十分荒谬或者毫不相关。记住，坏想法很容易成为好想法的垫脚石。

集体工作时，应该鼓励每个人（包括那些最安静的成员）对想法进行重述、结合和改善，或者从现有想法出发创造出新的想法。如果想法之间的联系不明显，那就创造一些联系吧！你可以使用08章提供的一些工具开创变化形式，比如从反方向探索挑战，问问"如果……怎么样"，或者用隐喻或类比使问题抽象化。不要评价或判断这些想法。这一阶段的目的是合并想法，提供改善想法的建设性建议，不需要最终投票选出最佳想法。请把所有的评判留到之后的会议，最好是再另开一场会，把最后的文件或想法记录板整理成"外部映像"——打印在纸上的头脑风暴会议记录。把它张贴在墙上，为下一阶段的问题解决提供灵感和信息。

思维导图基本原理

创造力最喜欢联系了！比起把所有的想法列成一个庞大的清单，我建议你使用思维导图去记录、扩展和整理头脑风暴讨论阶段中的想法。思维导图是一种可视化图表，所有的想法都放在与中心主题连接的分支上。思维导图在不同的概念之间建立联系，这符合我们自然思考的方式。我们大多数人都多多少少用过思维导图，它在对想法进行分类和扩展方面的实用性，再怎么强调也不为过。跟传统的列表不同，思维导图从中心出发，向外延伸出不同

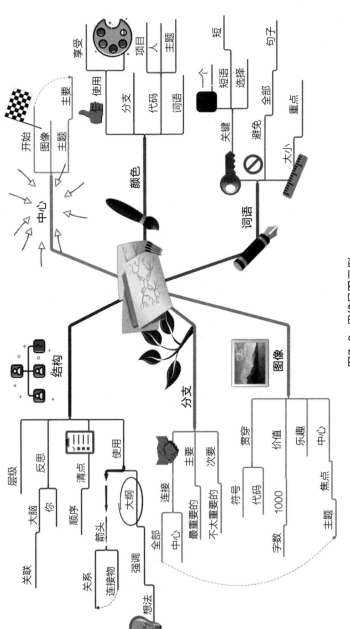

图7-3 思维导图示例

的分支，鼓励你的思维也不断向外延伸，不受任何限制和约束。思维导图可视化的特点能够让你"看到"之前并未发现的联系，你或许还可以从两个原本毫不相关的建议中产生出更好的想法。

思维导图示例请见图7-3。

关键要点

头脑风暴是发散思维的绝佳工具，但由于社会惰化、生产力阻塞和群体思维/从众心理等带来的团体压力，头脑风暴的作用可能会遭到严重损害。只需要一点远见和规划，你就可以组织出高效的头脑风暴，让大家既有时间独立思考，也能参与集体讨论和合作，这样一来每个人都可以发声。

- 设计**头脑风暴策略**时，既要包括个人产生想法的独立思考环节，也要包括集体讨论环节，改进和扩展现有想法。这样做可以收集到那些在团队中不愿意发声的人的想法，也可以防止那些更喜欢发声或者级别更高的参与者支配整个会议。试试这三步：(1) 个人产生想法；(2) 小组头脑风暴；(3) 全体讨论。

- 在这一阶段，谨遵**头脑风暴的规则**：(1) 追求数量，以发掘除了显而易见的想法以外的其他点子；(2) 探索疯狂和不寻常的想法——移开框架，为疯狂而卓越的点子留出空间；(3) 延迟评判——让大脑暂时停止分析，以免过早否决某些想法，这样可以让更多想法萌芽和发展；(4) 以不同的方式把想法相结合，并在其他想法的基础上构建新想法——坏想法可以成为好想法的垫脚石。

参考文献

Asch, SE (1951) Effects of group pressure upon the modification and distortion of judgment, in *Groups, Leadership and Men*, ed H Guetzkow, Carnegie Press, Pittsburgh, PA

Buzan, T and Griffiths, C (2010) *Mind Maps for Business: Revolutionise your business thinking and practice*, BBC Active, Harlow

Cain, S (2012) *Quiet: The power of introverts in a world that can't stop talking*, Crown Publishing, New York

Delbecq, AL, Van de Ven, AH and Gustafson, DH (1986) *Group Techniques for Program Planning: A guide to nominal group and Delphi processes*, Green Briar Press, Middleton, WI

Diehl, M and Stroebe, W (1987) Productivity loss in brainstorming groups: toward the solution of a riddle, *Journal of Personality and Social Psychology*, 53 (3), pp 497–509

Eaton, J (2001) Management communication: the threat of groupthink, *Corporate Communications: An International Journal*, 6 (4), pp 183–92

Ellwood, S et al (2009) [accessed 25 October 2018] The incubation effect: hatching a solution? *Creativity Research Journal*, 21 (1), pp 6–14 [Online] https://pdfs.semanticscholar.org/88dd/9f655716745abbb357198785064c731f4c5a.pdf

Firestien, RL (1990) Effects of creative problem solving training on communication behaviors in small groups, *Small Group Research*, 21 (4), pp 507–21

Hirshberg, J (1998) *The Creative Priority: Driving innovative business in the new world*, Harper Collins, New York

McLeod, S (2008) [accessed 30 April 2018] Asch Experiment, *Simply Psychology* [Online] https://www.simplypsychology.org/asch-conformity.html

Moore, T and Ditkoff, M (2008) [accessed 30 April 2018] Where and When Do People

Get Their Best Ideas?, *Idea Champions* [Online] http://www.ideachampions.com/downloads/Best-Ideas-Poll.pdf

Osborn, AF (1953) *Applied Imagination: Principles and procedures of creative problem solving*, Charles Scribner's Sons, New York

Quinn, J (2016) [accessed 30 April 2018] Amazon's Two-Pizza Rule Isn't as Zany as It Sounds, *The Telegraph*, 12 October [Online] http://www.telegraph.co.uk/business/2016/10/12/amazons-two-pizza-rule-isnt-as-zany-as-it-sounds/

Seppala, E (2016) [accessed 30 April 2018] How Senior Executives Find Time to Be Creative, *Harvard Business Review*, 14 September [Online] https://hbr.org/2016/09/how-senior-executives-find-time-to-be-creative

Sutton, R (2012) [accessed 23 March 2018] Why the New Yorker's Claim that Brainstorming 'Doesn't Work' is an Overstatement and Possibly Wrong [Blog], *Work Matters*, 26 January [Online] http://bobsutton.typepad.com/page/5/

Sutton, R and Hargadon, A (1996) Brainstorming groups in context: effectiveness in a product design firm, *Administrative Science Quarterly*, 41 (4), pp 685–718

解决方案探测器
步骤2:构思工具包

你不会把创意耗尽。你用得越多,就拥有得越多。

——玛雅·安吉罗(Maya Angelou),
诗人、歌手和民权活动家

按需即到的创意

作为成年人，我们大多数人都不认为自己是天生的创意思考者，难以认同自己具有创新精神。需要产生想法时，面对白纸一张的确会让人望而生畏。微软奢飞思（Surface）对超过 1100 名英国员工进行了调查（2017），其中 49% 的人认为学习新的创意技巧可以帮助他们提升工作表现，但 75% 的人称自己在过去两年内没有接触相关的培训和工具来培养这些技能。为你的团队提供一套特别的创意工具，可以为他们产生想法提供巨大的支持，使他们克服开始时的恐惧。我们需要不同的技巧来帮我们热身，并把常规模式从脑中"骗"走，从而激发我们的想象力、发散思维和横向思维。本章对相关的实用工具进行概述，帮助你在发挥创意（尤其是在团队工作中）的时候更具结构性和协调性。本章的画布模板旨在满足你对创意的渴求，让你在解决各种各样的商业问题时取得成效。请尽情使用这些工具，也可以加入你自己的其他工具一起使用。关于构思活动的具体形式，请在选择时考虑到你的团队人数；团队中内向者居多还是外向者居多；你比较容易有哪种思维误区；你工作时的实际环境等因素。这样你将更有可能满足大家的创意偏好，从而取得满意的成果。

在解决方案探测器步骤 2，你的目标是要尽可能多地写下可能的想法以供选择。从挑选最适合你当前面临的问题的工具开始，为你的构思环节注入乐趣和活力。留出充足的时间和空间使用新的思维工具，让团队成员

可以尽情探索可能性和见解，快乐地建立各种联系，超越现实和预期。记住：抵挡住遇到第一个好想法就停止思考的冲动，而且本阶段也不要批判或否决任何想法。为成员们创造愉悦的体验，他们的想法就会源源不绝。

构思工具包

输入
　　清楚阐明的挑战

过程
　　产生尽可能多的想法

工具
　　反向头脑风暴模板
　　隐喻式思维模板
　　结合创意模板

输出
　　全部想法

　　使用本章的模板，打破那些根深蒂固的思维过程，让自己尽全力去探索每一处可能性。如果你们在创新项目中意志消沉（这种情况总是难免会出现），新工具的介绍可以很好地激发团队活力，集中精神重新出发。为了在构思环节中捕捉所有想法，可在www.thinking.space下载相关模板。

1. 反向头脑风暴模板

无论你在什么行业从事何种业务，时不时把事情反过来看，挑战你现行的运作方式，都不是一件坏事。如果按照传统的企业惯例，从正面考量问题，你只能得到由市场驱动的平庸答案。但是，反向头脑风暴的前提就是"反其道而行之"。你把原来的问题反过来阐述，刺激新想法。这时，你想的不是"什么该做"，而是"什么不该做"。也就是说，如果你正苦苦思考如何能获得更多客户，反过来想一想怎样做会失去客户。如果你想要减少次品的数量，想一想怎样可以生产出更多次品。如果你想最大限度提高培训项目的出席率，想一想怎样使所有人都不出席。这听起来也许有点诡异，但实际上，知道自己想避免哪些行为能让你更好地发现更多令人惊喜且驱动市场的替代方法，获得你想要的结果。在这当中既有显而易见的方式，也有彻底颠覆的做法。

这个策略会在团队中带来乐趣，成员们会就反向叙述的问题如火如荼地交换意见，有时甚至会争辩起来！很多我们习以为常的商业假设都可以被彻底颠覆，所以没什么是不能讨论的。如果你的头脑风暴陷入了一个无聊、保守的模式，这是个很棒的技巧，因为它能让大家失去平衡，打起精神重新思考。又或是选择性思维已经在团队中扎根时，使用这个方法可以避免成员们忽略某些想法或观念。以下是该策略的具体步骤。

第1步，反方向叙述你的问题或挑战

让我们从在定义问题环节中已经明确阐述了的问题开始。举个例子，

比如我们的问题是"我们如何能提供更好的客户服务",改变问题中的某些表达,让它变成一个相反或对立的问题。不要问"我能如何解决问题或阻止这个问题发生",而是问"我能如何导致这个问题出现";不要问"我怎样能达到这些结果",而是问"我怎样能得到相反的结果"(Mind Tools, 2010)。就"我们如何能提供更好的客户服务"这个问题,我们可以把它反向叙述为"我们如何能提供糟糕的客户服务"。这样,我们就把即时关注点放在了问题如何产生而不是问题如何解决之上。

第2步,为解决反向问题而进行头脑风暴

直接就原本的问题进行头脑风暴时,你很容易根据自己提出的想法沿着一条可以预见的路走下去。要提供更好的客服,传统头脑风暴提出的一些典型的方法大概有三声电话铃响之内接电话或者24小时之内回复邮件。这些方法当然很不错,但并没有打破常规模式。而当你把问题反过来后,你要做的就不是提高服务质量而是摧毁整个客户体验,你的视野也会随之发生改变。让你的团队一起说说怎样能够产生问题。我发现,每次我和企业或客户进行这个练习时,他们优先考虑的角度都会大有不同,因为,关于如何提供一流的客户服务与支持,他们会想出一些之前没有发现的要素:

- 晚开始,早结束。
- 给客户错误的建议。
- 接电话的客服人员对产品的了解非常少。
- 删掉客户的邮件。
- 不接电话。

第二部分 解决方案探测器

- 让客户在电话那头等着，却又把他们忘了。
- 使用语言技巧很差的员工。
- 根据接听电话的次数评价员工表现。
- 客服粗暴无礼。
- 用很烂的语法写邮件。
- 不在团队内部共享问题和对策。
- 不提供保修。
- 总是人手不足。

把那些你正在做的事情圈出来，或许你会大吃一惊！

第3步，把反向问题的解决方案翻过来

最后，把你提出的反向解决方案翻个面，就能发现解决你原来的问题或挑战的积极方式。看看哪些反向解决方案很好地对应了你的问题，或者能不能对它们进行调整，用于解决你的问题。看着刚刚的这些答案，你会发现原来那个问题的解决方法比你以为的要多得多。比如，你可以向客服人员提供额外的培训，提高他们对产品的了解，教他们如何礼貌地面对客户。你可以跟不同的部门共享信息，以便更快地处理客户投诉。你也可以实行轮班制，让客户服务早一点开始，晚一点结束。你还可以在招聘的时候测试应聘者的语言技巧，以及根据回复的质量而不是数量来评价员工表现。

在商业场合中，这项练习会让人大开眼界，因为它清楚地向你展示了什么是错误的做法，以及怎样做才能带来积极改变。叛逆一点，打破现状。想想你运营时的一些限制或规则，比如预算、系统、资源、时间等，

然后用这个方法推翻它们。例如:我们怎样才能删掉这个流程?我们怎样能零成本做到这件事?即便你想到的一些点子不是立马有用,但再多考虑考虑也许你就能提出可行的想法。应该把这种反向想法用来激发思维,而不只是停留在它的表面意思。而且,如果反向思考没让你得到什么有用的信息,至少你也明白了为什么一开始会存在那些规则!

> **案例研究 反其道而行之——格拉纳达电视台**
>
> 1954年,英国政府首次向商业电视台拍卖转播权。这意味着能在电视上插播广告的地区运营。多家公司迫切希望拍得转播权,它们通过人口统计分析找出全国最富有的地区,因为这些地区的广告收入最多。根据统计结果,它们重点关注伦敦和英格兰东南地区。当时,西德尼·伯恩斯坦(Sidney Bernstein)在英格兰南部的一家小型连锁影院——格拉纳达影院担任总经理。他也想参与投标,但他锁定的目标不是英国最富有的地区,而是"最湿"的地区,也就是英国西北部。伯恩斯坦的投标成功了,他建立了格拉纳达电视台,总部位于曼彻斯特,服务范围覆盖英格兰北部。伯恩斯坦认为,如果室外倾盆大雨,潜在的电视观众更有可能待在屋里看电视;如果外面天气晴朗,人们则更有可能去花园坐坐或者出门走走(Sloane, 2016)。当所有人都往同一个方向看(哪个是最富有的地区)的时候,伯恩斯坦则看到了另一个方向(哪个是最湿的地区),于是他成功了。格拉纳达之后成为一家非常成功的独立制作公司,以其优质的娱乐节目和立场鲜明的节目所著称,其中包括《加冕街》(Coronation Street)、《大学挑战赛》(University Challenge)、《世界在行动》(World in Action)等。

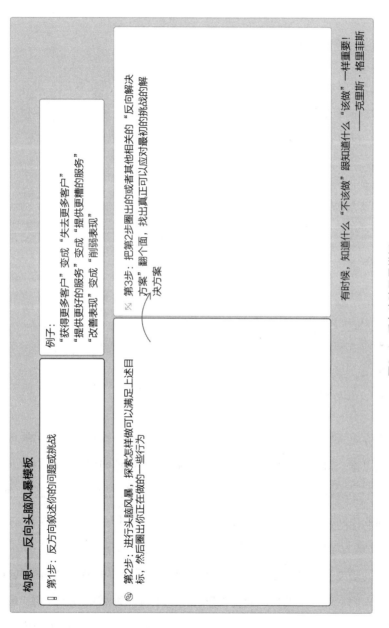

图8-1 反向头脑风暴模板

2. 隐喻式思维模板

在思考时使用隐喻是逃离惯性思维限制、接受不确定性的一个有效方法。隐喻可以改变我们看待世界的方式，促使我们通过另一种事物理解某种事物。以下耳熟能详的说法都属于隐喻：

- 生活就是过山车。
- 金融看门狗。
- 那是一片丛林。
- 时间就是金钱。
- 运营瓶颈。
- 球已经在我们的半场了。
- 整个世界就是一个舞台。
- 思想的飞跃。
- 她按照不同鼓手的节奏前进。

隐喻之所以有助于创意思维，是因为使用了象征性符号，以讲故事的形式使思维变得更加抽象和开放。把隐喻应用在你的问题上，就是把问题置于一个全新的情景中，这样可以为大脑扫清障碍，激发丰富且新颖的想法。商业顾问和作家凯文·邓肯（Kevin Duncan，2014）将其称为"类比跳板"，认为隐喻带来的灵感来源是无穷无尽的。

好的隐喻可以刺激思维，寻找起初看似毫不相关的概念之间的共性。例如，人们从豌豆荚的形状获得灵感，发现了打开香烟盒的新方式，该方法现已成为全球包装行业的一个通用方法。德国著名化学家弗里德里希·

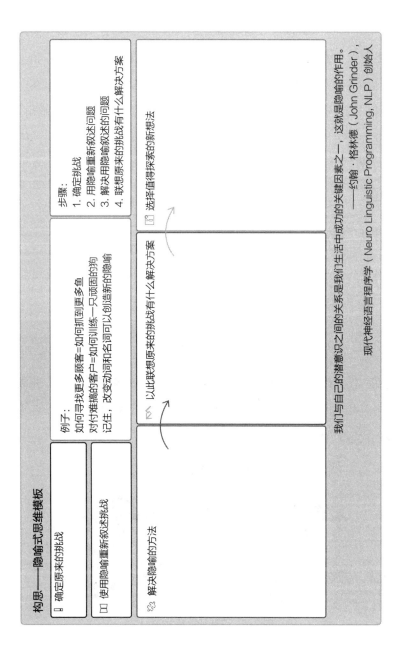

图8-2 隐喻式思维模板

凯库勒（Friedrick Kekule）发现的苯分子结构，一开始被描述成"咬着自己尾巴的蛇"。"威扣"（Velcro）尼龙搭扣的灵感来源于植物的芒刺。记住，生活和商业并非总是符合逻辑的。使用隐喻重新描述问题的时候，你正在抛弃旧特点和旧假设，让新颖的见解冒出水面。从这些新见解出发，你可以建立相关的联系完成原来的任务。以下是利用隐喻激发想法的一个简单的过程。你可以留意一下引入这个方法后，会议室里的活力会发生怎样的变化。

第1步，确定挑战

用陈述句的形式定义你的挑战。我们这里使用的例子是"我想要更多顾客"。

第2步，使用隐喻重新阐述问题

现在，使用隐喻的方式重新阐述原来的问题，把它描述成一个类似的问题或者不相关的问题。简单的做法是把动词（代表过程）和名词（代表挑战的内容）替换掉，先从分解动词和名词开始（见图8-3）：

图8-3 分解动词和名词

想一想可以怎样改变动词和名词,创造一个新的表述。此处没有任何限制,所以尽情发挥想象力吧。比如,你可以把"想要"换成"如何",把"顾客"换成"鱼",于是你的挑战就可以阐述成"如何抓到一条鱼"。好了,现在可以用不同的方式看待问题了(见图 8-4):

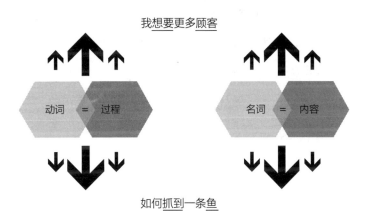

图 8-4 改变动词和名词

再举些例子,比如"应付一个难搞的人"可以变成"训练一条顽固的狗","减少工作中的官僚作风"可以类比成"给花园除草"等。

问问你自己:这个问题让你想到了什么?有没有什么可以做类比的?新动词和旧动词之间最好隐约存在着某些共性(因为动词代表过程),否则难以让你的问题和隐喻中的概念联系起来。作为人类,我们总是抱有好奇心,喜欢挑战复杂难懂的任务。但是,如果任务过于模糊,我们更倾向于忽略它,不愿意再去处理其中的困难。这时,隐喻反而变成了创意思维的阻碍。不过,我们也得提防那些与当前问题过于近似的隐喻,因为这样并没有把熟悉的事物变陌生,我们无法从中获取有用的灵感或想法(Proctor,1989)。

> 构想是一场联想的壮举,其顶点就是好的隐喻。
>
> ——罗伯特·弗罗斯特(Robert Frost),美国诗人

如果你担心找不到隐喻,可以想一想你的挑战是否跟某个遥远的活动有相似之处。这种类似的活动可以来自大自然,也可以来自任何与问题所处环境不同的其他范围。为问题找到合适的隐喻非常重要,不然的话你很可能通往错误的方向。最佳的隐喻通常包含正在发生的动作,比如:

- 骑自行车
- 为假期制定计划
- 烹饪美味佳肴
- 节食减肥
- 养育孩子
- 缔结契约
- 种花种草
- 竞选公职
- 钓鱼
- 建房子
- 攀岩
- 做运动,如踢足球

第3步,解决用隐喻阐述的问题

接下来,专注于解决用隐喻阐述的这个问题。把关于原来问题的所有想法都从你的脑中赶走。关注你的隐喻"如何抓到一条鱼",把它当成一

个真正的问题思考解决方案。看看你能把这个类比延伸到多远。思考什么方案在这个特定情境中行之有效？以下是一些可能方案的示例：

- 使用恰当的鱼饵。
- 询问渔夫。
- 买一条船。
- 找一根好钓竿。
- 使用渔网。
- 用鱼叉捕鱼。
- 使用炸药。
- 阅读相关书籍。
- 使用诱饵。
- 了解鱼类的习性。
- 观看捕鱼相关的电视节目。
- 从宠物店里买一条鱼回来。
- 玩捕鱼游戏。

第4步，回到原来的挑战

在最后这一步，把你为了解决隐喻而提出的解决方案联想回原来的问题上。你能否据此做出一样的行动或回应？例如，第3步提出的一些想法可以转化成：

- 使用恰当的鱼饵——适当地打广告，让产品更吸引人。
- 询问渔夫——咨询或聘请一位销售专家/顾问，找一名指导。

- 使用渔网——尽可能广泛地扩散产品信息，寻找成员组织，传播网络链接。
- 用鱼叉捕鱼——瞄准个人客户，重点关注重复销售。
- 使用炸药——举办一场大型公关活动。
- 阅读相关书籍——学习新的销售技巧。

选择最有潜力的想法，在你的画布模板上充分探索这些想法（见图8-5）。比起直面问题，从隐喻的视角出发经常会收获到你意想不到的绝妙想法。隐喻为问题增加了距离感，减除了你对于原问题的情感和受到的限制。因此，围绕隐喻进行讨论时，你不会那么焦虑，做出的决定也更容易执行。下次遇到挑战时，试试使用隐喻吧。我保证你也会认同，这是一个宝贵的方法，能够促使你超越意料之中的想法，得到惊人的发现。

小贴士

使用思维导图把你的隐喻式方案"反推"至原来的问题，能帮助你利用人类大脑自然的运作方式，在两个不同的想法之间寻找和建立联系。

3. 结合创意模板

我们已经知道，创意产生的形式多种多样。无论在哪个领域，要产生大量新颖的想法离不开建立连接的能力。本部分展示的技巧正是利用了这种所谓的"结合创意"。是的，它确实存在。

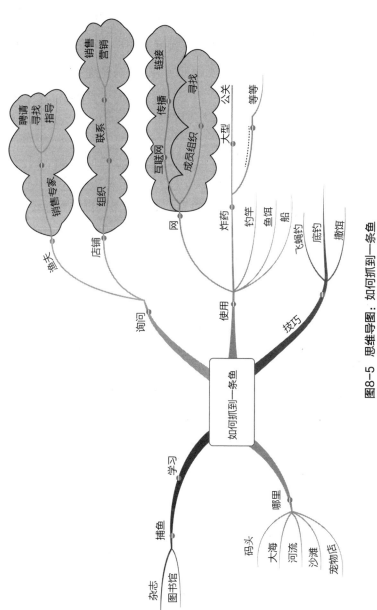

图8-5 思维导图：如何抓到一条鱼

　　构思是指随心所欲地提出尽可能多的想法——常规的、疯狂的、有用的等。提出的想法越多,解决问题的武装就越齐全。如果你一发现几个实际可行的解决方案就马上想停止头脑风暴,请抵制住这种冲动。最开头的几个想法对于启动思维至关重要,但它们通常不会是开拓性想法。你的思维需要有所突破。本部分介绍的构思三步走,让你穿梭于平凡理智的想法与不靠谱、不理智的想法之间,最终获得最有效可行的制胜方案(理智与不理智的结合)。在觉得已经可以功成身退的时候仍然坚持探索是十分需要力量的一件事,因此这值得我们为之拟定一个可以紧跟的议程安排。积极有力的构思环节至少需要 30 到 120 分钟才能获得最佳结果,如果你只有 1 个小时开会,可以参考表 8-1 建议的会议流程。你也可以根据团队的具体需求自由调整时间。

表 8-1　构思会议安排

构思会议安排(60 分钟)	
10 分钟	引入。 建立基本规则。 陈述挑战
30 分钟	利用生成性思维工具进行个人及团体构思 理智与不理智的想法
5 分钟	休息
10 分钟	讨论并把理智和不理智的想法结合起来
5 分钟	会议小结。 下面的步骤

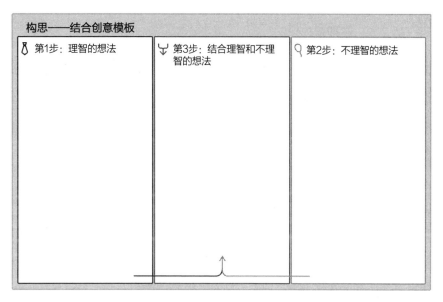

图8-6　结合创意模板（构思三步走）

第1步，理智的想法

也许你已经注意到，头脑风暴时首先冒出来的是那些显而易见的理智的想法。它们很可能会在团队中引起共鸣，但并不是最独特的想法（Harris，2009）。这类想法通常代表一种渐进式改进而非驱动市场的创新。如果一个想法过于"安全"，就没有足够的想象力去改变事情的处理方式，获得更好的结果。我们可以把这些最初的想法当成起点，在之后的过程中可以折回来重新探索，在其基础上建立新的想法，但请不要在起点处就停止步伐。重复"好的，还有其他吗？"以提醒大家你想让他们继续思考并持续输出想法。别忘了公平地对待每一个想法。如果你表现出对某些想法的偏好，你的队员们将开始试图预测你真正想要的答案是什么（Rawling，2016）。

创意思维手册

第2步，不理智的想法

如果你真的投入到了构思过程当中，总有一个时刻你会发现，想法开始变得离谱。随着你的信心增强，你的想法也会变得越激进、越宏大。这可能是因为你希望做出更具破坏性和改革性的改变，而不是渐进式改进。

不要放弃这些怪异的想法，扼杀刚来的灵感。想法越极端，一开始看上去就越不靠谱，但这其中依然孕育着可能性。也许你更偏爱那些马上能在现实中获利的实用方案，但你的顾客或目标受众可能更渴望看到让他们兴奋尖叫的东西，这归根结底是你的思维方式在起作用。使用逻辑思考的决策者无法忍受含糊不清，他们喜欢言之有理的事物，并把它们强行套入模式以助于解决问题。这种对模糊思考的恐惧会诱使人们陷入反应性思维，让他们彻底跳过那些疯狂的创造性想法，贸然做出重大决定。与之相反，有创造力的人十分乐于卷入混沌当中。事实上，卷入混沌能帮助他们实现思维跳跃，完成那些明显而具有逻辑的方案。亨利·福特（Henry Ford）正是忽略了"符合逻辑"的汽车制造方式，才得出了改变范式的创新方案——装配流水线。以前，工人们组装好一辆车后，要自己移动到另一辆车那里继续组装。福特把该流程的方向反了过来，把车架放到传送带上，利用传送带把车送到组装工人的面前。

> 混沌常常孕育着生命，而秩序会带来习惯。
> ——亨利·亚当斯（Henry Adams），美国记者、历史学家

> ### 问"如果……会怎样"
>
> 　　如果你受传统思维所困,在头脑风暴中过于谨慎,此时可以问问自己"如果……会怎样",利用这个问题激发更加冒险的想法。这是个促进想象力的理想方法,推动你思考各种可能性。你可以把任何条件、想法和情景套到"如果……会怎么样"的问句结构中,无论它听起来多么古怪或牵强。关键是,你让自己有了充分的自由去沿着不同的方向思考,关注自己能做什么,而不是不能做什么。使用这个方法的时候,最好把时间设想在未来:"两年后,如果我们庆祝成功,会发生什么?"编写你的故事吧!
>
> 　　暂且放下你的怀疑,尽情投身于想象中的情境——把它当成正在发生的真实的事。你填补了什么行业空白?你是怎样把产品变得更好/更大/更快/更小/更有趣?你质疑了什么规则或假设?你克服了什么盲点?你会惊讶地发现,这些创意猜想是多么容易把疯狂的想法转化成可以进一步探索的真正的机会。

第3步,把理智和不理智的想法相结合

　　新想法都是"灵机一动"的产物,会自发地在你的脑海里冒出来,这种说法其实是谬见。大部分的创意成果都是在已有的灵感、特性、知识、材料和实践之间建立联系,并根据这种联系重新把它们结合成新的形式。我们在科技和艺术领域的很多创新突破都来源于这种联系和结合。约翰·古腾堡(Johannes Gutenberg)把葡萄酒压榨机的压力和硬币压印技术相结合,于1440年发明了印刷机,彻底改变了西方世界信息传播的方式。革命性的Smart汽车也诞生于高端汽车制造商梅赛德斯—奔驰和时尚手表品牌斯沃琪之间的不可思议的结合(Sloane,2010)。梅赛德斯拥有精密工程知识,而斯沃琪则拥有时尚设计和微技术,两个品牌合作发明了

一种适合在城市里驾驶的小型时髦车型。聪明的是，Smart这个名字刚好代表着"斯沃琪和梅赛德斯的艺术"（Swatch Mercedes Art）。英国易捷航空（easyJet）在成立之初就模仿了提供国内航线服务的美国西南航空的战略，再从公共汽车的运作模式中获取灵感，最终在欧洲引入"不提供非必要服务的"廉价航线（Sull, 1999）。没有什么是完全原创的，所有新想法都是已有想法的延伸。

> 机会总是青睐那些互相联系的头脑。
> ——史蒂芬·约翰逊（Steven Johnson），创新和流行科学作家

要结合想法，你得要有足够多的想法才能开始。所以，把你目前已有的想法做一个混搭。随机把它们组合在一起，或者把你的想法和那些"现成"的想法相结合，创造新的想法。即便是愚蠢或荒谬的想法，在跟一些实用元素联系起来后也可能拥有价值，不要害怕把两个互相矛盾或毫不相关的想法结合在一起。也许你会感觉很奇怪，但这个技巧能让人们在尝试跟同事的想法相结合后，把思维延伸得更远。使用积极的回应来鼓励各种结合，比如，公开认可某个人的想法，把它跟你自己的点子结合后继续加以扩展。我们来看个例子吧。如果你正在思考如何可以提升团队积极性，你可能会提出表8-2中列举的那些或理智或古怪的建议。

现在，把其中的一些建议互相搭配，获得解决问题的新见解。如果你把那条另类的"不穿衣服在办公室工作"和"令人愉悦的工作环境"搭配在一起，会激发什么想法呢？不穿衣服代表自由的感觉，所以你或许可以允许员工在办公室里穿便装，营造轻松的氛围。不需要一丝不挂，但也不用穿上西装这么正式！又或者，你可以在下一次头脑风暴会议时举办一

场睡衣派对,让大家穿睡衣和拖鞋来上班。

使用多种构思工具能让你的创意过程成果更加丰硕,因为每介绍一个新的工具,都是在之前的工具已经取得的进展上继续前行。收集你们提出的所有想法,再使用第二、第三、第四种工具进行组合和搭配,这跟从零开始完全不一样。把显而易见的想法跟没那么明显的想法结合在一起,你就能得出意想不到但却很实用的全新想法,为真正的创新打下基础。

头脑风暴/构思环节结束后,团队成员就该聚在一起对想法进行评论和分析,总结出一个解决方案。理想情况下,最好另开一场会议进行分析环节,或者在休息之后再开始分析,留够时间让想法在你的脑海里渗透和酝酿。评价环节把你的想法从幻想变成现实,是一个很关键的环节(见 09 章)。

表 8-2 激发员工积极性的方法

理智的想法	不理智的想法
关注个人优势	成立教派
询问人们想要什么	不穿衣服在办公室工作
认可人们的成就	周五放假
培养团队精神	只根据最荒谬或最有趣的想法行动
弹性工作制	让整个团队升职
建立可实现的"延伸"目标	假日津贴没有上限
令人愉悦的工作环境	掰手腕比赛
学习/培训的机会	无视错过的最后期限
为决策提供更多信息资源	为员工做媒
鼓励创新	培训与工作不相关的技能
创建"表扬日历"	慷慨地奖励失败(比成功的奖励更丰厚)
表示信任	每天在办公室里都有一段"狂欢时间"

(续)

理智的想法	不理智的想法
奖励多样化	鼓励危险的办公室恶作剧
坚持工作与生活的平衡	禁止所有会议
衡量产出而非投入	提供免费的餐食让员工下班后可以带回家
了解使员工失去动力的做法	一周里有半周时间可以用于发展兴趣爱好
庆祝成功	如果任务很困难,鼓励员工放弃
工作场所的色彩更缤纷	把工作交给"错"的人负责
说"谢谢"	允许无限期拖延
公开透明	按时出勤可以有奖金
共享愿景/目标——关注"为什么"	允许办公室抗议和公开冲突
晋升机会	留出一段"闲聊时间"
利用绩效辅导	就新的领导岗位进行选举
提供有意义的激励制度或特别待遇	使用手机无限制
积极向上	每月加薪
定期沟通和咨询	创建内部社交网络
聘请演讲者、指导者和教师	重新雇用同一个人从事不同的工作
提高工资	鼓励工作中喝酒
时常给出反馈	允许把所有不想做的任务委托给其他人
鼓励友好竞争	扔掉所有家具
给予自主权	建立办公室夜总会
提出清晰的期望	新建一个电影播放室
支持新想法	
公司资助的出游	
为成长设定挑战性任务	

构思检查清单：要做的事和不要做的事

图 8-7 所示的构思检查清单为你提供建设性指导，帮助你准备和开展（正式或非正式的）构思会议。进行头脑风暴既有正确的方式，也有错误的方式。请通过积极的行为（要做的事）确保你的会议有效进行，避免那些会杀死创意的行为（不要做的事）。你可以在 www.thinking.space 下载构思检查清单。

> **关键要点**
>
> 创意需要贪玩的头脑来发掘。有效的集体构思环节需要营造一个积极幽默的环境，让人们可以畅所欲言而不被评价。使用特别的构思工具来激发思维，让你可以自由地发散思维，提高对含糊不清思维的容忍度。
>
> - **反向头脑风暴模板**。想提供更好的客服，先探索让客服更糟糕的方式。反向思考让你重新调整思维，发现平常注意不到的想法。这个工具能让你摆脱那些愚蠢而不必要的规则和惯例，让你的团队免受其影响，从而发挥最佳表现。
> - **隐喻式思维模板**。隐喻是促使新想法产生的强大动力。在类比中发挥创意吧！你可以遵循以下步骤：（1）确定挑战；（2）用隐喻的方式重新阐述挑战；（3）解决隐喻；（4）把隐喻的解决方案映射回原来的挑战。
> - **三步构思模板**。把平凡的和疯狂的想法相结合，激发创新的火花。第 1 步，产生理智的想法；第 2 步，提出不理智的想法，问"如果……会怎样"，让你的想象力摆脱现有的束缚；第 3 步，把理智和不理智的想法相结合，创造出既实用又新颖的想法。
> - **构思检查清单**。该清单简明地列出了要做的事和不要做的事，跟你的团队成员一起遵循清单建议，把头脑风暴的效果发挥到极致。

构思检查清单：要做的事和不要做的事

要做的事
- 创造正确的环境
- 开放思维
- 延迟评判
- 先进行个人头脑风暴，再进行团队头脑风暴
- 让他人加入
- 关注数量
- 留出时间给自己做思维实验（专心地幻想）
- 在不同想法的基础上加以扩展
- 把看似随机的想法相互结合——把没有联系的联系起来
- 捕捉所有想法
- 休息
- 聆听他人
- 多次短时间的会议比一次长时间的会议好
- 借用他人的参考点
- 向外看以寻找灵感——参考别人并改进
- 把问题留待一段时间后再看——留出酝酿时间
- 无视怀疑者的打击
- **让构思环节真正变有趣**

不要做的事
- 感到难为情，不自在
- 催促想法的产生
- 在产生想法的同时评价想法
- 本阶段表现消极
- 把自己的想法凌驾于他人之上
- 试图表现理智
- 离题
- 努力产生想法的同时执行多项任务
- 因为觉得不可能实现而否决疯狂的想法
- 纠结于"听专家的话"综合症
- 缺乏自信
- 毫无组织地进行头脑风暴

图 8-7　构思检查清单

参考文献

Duncan, K (2014) *The Ideas Book*: 50 *ways to generate ideas visually*, LID Publishing, London

Harris, P (2009) *The Truth About Creativity*, Pearson, Harlow Microsoft Surface (2017) [accessed 11 May 2018] British Companies at Risk of 'Creativity Crisis', Microsoft Surface Research Reveals, *Microsoft News Centre UK*, 27 July [Online] https://news.microsoft.com/en-gb/2017/07/27/britishcompanies-risk-creativity-crisis-microsoft-surface-research-reveals/

Mind Tools (2010) [accessed 13 May 2018] Reverse Brainstorming: A Different Approach to Brainstorming [Online] https://www.mindtools.com/pages/article/newCT_96.htm

Proctor, RA (1989) The use of metaphors to aid the process of creative problem solving, *Personnel Review*, 18 (4), pp 33–42

Rawling, S (2016) *Be Creative—Now!*, Pearson, Harlow

Sloane, P (2010) *How to be a Brilliant Thinker: Exercise your mind and find creative solutions*, Kogan Page, London

Sloane, P (2016) *Think Like An Innovator: 76 inspiring lessons from the world's greatest thinkers and innovators*, Pearson, Harlow

Sull, D (1999) Case study: easyJet's $500 million gamble, *European Management Journal*, 17 (1), pp 20–38

解决方案探测器
步骤 3：分析

创新是对 1000 个想法说"不"。

——史蒂夫·乔布斯（Steve Jobs），
苹果公司联合创始人

评价想法

你已经围绕挑战进行了愉快的头脑风暴,希望你已经储备了一堆想法。现在到评价时间了。好的分析能帮助你驾驭头脑风暴中产生的大量信息,让你把构想转化成实际解决方案。这意味着进行分类和筛选,去掉不太有用的想法,并选定最好的想法继续推进。根据史蒂文斯(Stevens)和伯利(Burley)的研究,提炼一个成功的商业方案所需要的初始想法可多达3000个。在这3000个初始想法中,大概有300个会进入一个更正式的筛选过程。要成功发挥创意,分析必不可少。

分析属于寻找解决方案过程中的收敛阶段,所需的思维方式不同于构思阶段的分散思维。这个阶段,事情可能变复杂。诠释问题和看待想法的方式可以多种多样。你可能会在设法搞清楚所有事情的过程中陷入"分析瘫痪"。本章将为你介绍一些易于理解的分析工具,帮助你用一个平衡的方式衡量你的想法,让你有信心对不太好的想法说"不",为最具价值的想法留出发展空间。你想推进哪些想法呢?

记住:一个问题的解决方案可能不止一个。如果你明确要求分析阶段结束时要得到一个完美的方案,你正处于"非此即彼"的思维方式,这太拘束了。在分析阶段,你需要有"兼容并包"的心态,更好地引领具有真正潜力的最佳创新概念。尽管你在缩小选择范围,汇聚解决方案,但这并不意味着你非得关闭思路。

把握全局

请认真分析以下活动中的问题。

活动 谁是最有钱的人？

你的任务是在三个选项中选出最有钱的商人。以下信息可以帮助你进行选择：

A 的个人资料

- 还住在 20 世纪 50 年代购买的房子里
- 开凯迪拉克 XTS
- 吃快餐，一天喝五次可乐
- 不带手机，书桌上没有电脑
- 兴趣是打桥牌

B 的个人资料

- 开手动挡的大众掀背车
- 每天穿 T 恤、牛仔裤和连帽衫上班
- 在自家院子里结婚
- 住在五居室的房子
- 成立了自己的慈善基金会

C 的个人资料

- 拥有多套豪宅
- 有大量的艺术收藏
- 有很多豪华游艇和一架私人飞机
- 拥有多辆超级跑车（价值 5000 万美元）
- 举办奢侈派对并邀请名人在派对上表演

你的选择是哪一个？

单纯根据事实来判断，符合逻辑的选择应该是 C，因为这个人过着最奢侈的生活。以下是三个商人的真实身份：

A 是沃伦·巴菲特（Warren Buffet），伯克希尔·哈撒韦公司（Berkshire Hathaway）主席和 CEO，净值 840 亿美元。在 2018 年福布斯"全球亿万富翁"排行榜中排名第 3。

B 是马克·扎克伯格（Mark Zuckerberg），脸书创始人及 CEO，净值 710 亿美元。在 2018 年福布斯"全球亿万富翁"排行榜中排名第 5。

C 是投资人罗曼·阿布拉莫维奇（Roman Abramovich），切尔西足球俱乐部老板，净值 108 亿美元。在 2018 年福布斯"全球亿万富翁"排行榜中排名第 140。

超级富豪不一定总是过着奢侈的生活。分析思考的时候，我们不能自动停留在表面现象。

评价阶段总是有"数据为王"的风险，但在上述练习中，我们可以发现，单凭事实数据无法让你了解全面的情况。当然，在商业企业中，如果你要客观地评价想法的可行性，对逻辑思考的需要不言而喻。数据能为你的判断提供依据，帮助你权衡风险和期望收获。但是，过于相信逻辑可能会让你得出错误的结论，推出命途多舛的新可乐之时，可口可乐公司收集了他们想要的全部事实和数据，但这依然没有阻止他们在理解信息时犯下巨大的错误……招致了损失惨重的后果。与其花过多的时间研究数据，不如专注于"把握全局"，抓住挑战的重点。看向整个森林，不要因为几棵树就迷失方向。

国际象棋被公认是最需要分析能力的体育项目之一。在实验中，业余棋手的功能性磁共振成像（FMRI）扫描结果显示，他们在思考棋盘上的

创意思维手册

问题时,更倾向于动用具有分析功能的左脑。但科学家对国际象棋大师做同样的实验时发现,他们在下棋时会均衡地使用两边大脑做出决策(Schultz,2011)。他们会使用关注视觉信息的右脑辨认当前棋局和以往的棋局有哪些相似之处,再用起分析作用的左脑评估出下一步怎样走最合理,所以他们是更加高级的思考者。正如下棋,非常注重逻辑可以让你成为一个不错的创新者,但如果你想成为创新巨星,你需要具备"全脑"思维。也就是说,你要同时使用两边的大脑,处理问题时既运用直觉,又不失理性。

> 逻辑是智慧的起点,而非终点。
> ——斯波克(Spock),《星际迷航6:未来之城》

爱在哪里?

逻辑思维会带来一个悲伤的后果,那就是我们会忽视脑中最珍贵的资源——**情感**。如果你以为没有了情感,就能获得《星际迷航》里斯波克那样的超级理性,那你就大错特错了。社会现实让我们认为情感是一种弱点,会让我们的判断出差错。但是,神经科学家安东尼奥·达马西奥(Antonio Damasio,1994)的研究表明,情感在决策中毫无作用,这个想法本身就是一个错误判断。他对一些病人进行了研究,这些病人都因为事故或疾病失去了体验正常情感和感受(如愤怒、痛苦、热情等)的能力。你也许会认为这些病人会变成完美的理性动物,可以充分利用理智做出最正确的决定,然而,实际情况是他们难以做出决策,根本没有办法判断事物的价值,也不能得出简单的结论。即便是最基本的决定,比如说用红笔还是蓝笔填表，对他们来说都是一种折磨，因为他们切断了帮助人们做出选择的细微的情感信号。达马西奥的报告指出："由于某些神经症状导致理性中缺少情感时，理性会出现更多错误，比情感扰乱决策时出错更多。"

情感的确可以使人不理性，并且时不时让我们偏离轨道。情感经常让我们以为自己是对的，哪怕实际上并不对。但是，情感为理性提供的至关重要的支持作用却不容小觑。面对大量选择时，情感能迅速地让我们知道某个选择会带给我们什么感受，大拇指是"朝上"还是"朝下"（Gibb, 2007）。情感并不牺牲于逻辑，而是会注入逻辑当中。使用本章介绍的方法，你可以学会如何连接内心和头脑，让感受和评价判断发挥同等重要的作用。你对这个想法的感受如何？其他人对这个想法感受如何？

情感教会了人类推理。

——沃韦纳格侯爵（Marquis de Vauvenargues），
路克·德·克拉皮尔斯（Luc De Clapiers），法国道德学家

案例研究　感性广告

长久以来，最成功的品牌都知道最好的广告宣传应该打动人们的内心，而不是头脑。人们做出购买决定，靠的是情感而非内容。因此，激起消费者情感共鸣的广告比传达理性信息的广告更有影响力。通过对英国广告从业者协会（IPA）数据库的全面元分析，莱斯·比内（Les Binet）和皮特·费尔德（Peter Field）发现（2013），感性广告无论是效力还是长期带来的收益都是理性广告的2倍。该研究在30余年的IPA广告实效奖数据中选取了700

个品牌的 996 个广告研究其效果。大数据的趋势把目标明确的理性宣传跟感性的创意宣传区分开来。前者产生短期效果,而后者会为品牌建立名声,带来更大的长期回报(Roland,2013)。约翰—路易斯百货、霍维斯面包房、尼康相机和英国天然气公司的广告都给人以良好的情感体验,是令人记忆深刻的宣传典范。

分析工具包

输入

　　所有想法

过程

　　开采钻石

　　分类、筛选和选定最佳想法

工具

　　内心/头脑—优点/缺点模板

　　力场评估模板

输出

　　一个或多个最佳/最具创意想法

我的全脑分析方案是一个简明的三步走流程，将引领你针对特定的挑战做出正确的选择——**分类、筛选和选定**。这样就把评价活动简化成了几个分步骤，确保评价既理性又符合直觉感受。你可以使用这个方法自己对想法进行评价，也可以在工作坊/会议上跟他人一起完成评估。分析阶段的模板可在 www.thinking.space 下载。

1. 分类

在详细分析想法之前，你需要先把想法的数量精简至易于控制的范围之内——理想的候选个数是 3 到 6 个。这第一步非常关键，可以防止你淹死在大量可能性的海洋之中。你的关注点应该时刻放在原来的创意概要上，也就是你一开始提出的机遇或问题。如果你的想法数量很多，譬如有 50 到 100 个，先按主题把它们分门别类是个很有帮助的做法（如果你没有在头脑风暴会议的最后环节做这一步的话）。比如说，你可以根据创新的类型对想法进行分类：产品创新、工艺/技术创新、组织创新、管理创新或方法创新（Rebernik 和 Bradac，2008）。又或者，如果你想要推出新产品或新服务，可以把想法分成"实用方案""差异化方案""安全方案""好玩的方案"或者其他与设计相关的类别。另一个快速分类的作弊方法是根据时间和成本要求进行分类，比如"简单""一般困难""非常困难"。"简单"指的是时间和金钱花费最少的方案，"一般困难"指的是需要投入多一些的方案，"非常困难"的方案要求的花费则最多（Moore，1962）。

分类并没有固定的规则，你可以选择最适合你的挑战的分类方式，只需要保证简单点即可。把想法分好类后，很容易就能辨认出哪些想法是可

以去掉的，一般是不能迅速归入解决问题的类别的那些想法。如果某个分类中的全部想法都不能让你实现最终目标，你甚至可以把整个分类都舍弃。

分类的时候，使用**积极评判**的原则保证思维开放，让你的注意力放在那些更刺激有趣的选择上。在分类过程中，请像避开瘟疫那样避免使用以"不行，因为……"或者"是的，但是……"开头的句子。这些消极的句子开头十分扫兴，会阻止你进一步评估那些可能具有真正潜力的古怪想法。而评判时使用"是的，如果……"开头的句子，则可以引发深入思考。这会让你持续关注积极和新颖的方面，给想法呼吸的机会。你永远也不知道，它们什么时候就能发展成为绝妙可行的方案。

本步骤结束时，你原来的想法数量会大幅减少，剩下少部分最有希望和吸引力的想法留待进一步探索。这些留下来的想法将进入下一步的筛选。如果你本身的想法数量并不多或者需要加快进度，你也可以跳过分类这一步，直接跳到深入评价的阶段。

2. 筛选

你怎样确定哪个想法比其他想法都更好呢？就我个人而言，对照着预先设定的各种标准一条一条"打钩"是个很差劲的方法。一方面，这没有很好地用到我们大脑皮层丰富而复杂的机能；另一方面，由于这个打钩的过程过于固定，几乎不涉及什么积极评判。如果想要有效利用资源，把思维的量化和质化层面联系起来，我们需要使用"全脑"的思考方式。内心/头脑—优点/缺点模板可以帮助你实现这一点。

第二部分 解决方案探测器

内心/头脑—优点/缺点模板

分类环节结束后，你会留下少量想要进一步探讨的想法（不多于8个）。理想情况下，这当中至少有几个是打破陈规的想法——你通常不会想到的点子，甚至可能还有一点疯狂。我喜欢用于筛选想法的方法是可以均衡左右脑分析，而且可以让人在决策过程中保持生产力的方法。你可以使用以下测量因子依次评估你的想法：

a. 内心 vs 头脑评分。 选择一个想法，分别从内心（情感）和头脑（逻辑）两个角度评估该想法。团队里的每个人可以先自行完成测量，再互相对比分数。

- 内心：思考你对这个想法的"感受"如何——用心思考。你对这个想法的直觉是什么？这个想法让你感到兴奋吗？用评分的方式表示你在情感上对这个想法的乐观程度。满分为10分，10分表示"非常乐观"，1分表示"非常悲观"。
- 头脑：然后用理性推理进行同样的思考——用头脑思考。这个想法在逻辑上讲得通吗？它是否稳健？你可以对其进行合理的解释吗？按照这个标准在1到10分之间给一个分数。

这个活动的结果通常很精彩。你会发现，对于某些想法，你的内心会说好，但头脑却说不好，而对另一些想法，内心和头脑则意见一致。现在，把内心和头脑的分数相加，得出理性和直觉的综合得分。此类评分表属于量化分析，提供了一个清晰明确的方式帮你找到最佳方案。分数非常乐观表示这是一个具有吸引力的选择，分数非常悲观则表示这个想法不那

么好,团队成员之间对这个想法的打分差别很大则说明大家看法不一。探索下去会有更多的解读,帮助你继续向前推进。

数字和分数固然是评估的有用方式,但我们还需要更加定性的生成性思维,扩大和深入分析。因此,请从以下角度探讨想法。

b. **优点和缺点**。把想法分成积极的方面和消极的方面——优点("绿灯")和缺点("红灯")。让大家都参与进来,用生成性思维考虑该方案在财政、营销和组织等方面的主要表现和影响,比如成本、时间、新颖程度、品牌契合度、冲击力、竞争、可靠性、质量、吸引力、士气、相关风险、法律问题、规模、增收潜力、实施的简易程度、安全性、企业实践方式、可行性等。同样地,你需要"把握全局",因此评估想法时应该把它放在现有的市场、环境和产品结构中进行考虑,而不是孤立地看待。可以通过必要的快速计算评估数值方面的投入或产出。特定情况下,你可以在模板中增加更多的问题,也可能在分析时需要额外的数据和研究。

- 优点("绿灯"):这个方案的积极方面有哪些?它的优势是什么?你喜欢它什么?为什么它可能会成功?其他人会喜欢它什么?未来可能的收获是什么?在会议中请所有人就当前讨论的想法说说其积极的方面。仔细地探究所有积极因素以及当中的相互关系。思考一下你们是否能在这些积极因素的基础上把想法变得更大更好。探索结束的时候,你会得到一长串的卖点,你可以利用这些卖点推进想法实施。

- 缺点("红灯"):这个方案的消极方面有哪些?它的劣势是什么?你不喜欢它什么?为什么它可能会失败?为什么其他人对它表示否

定？它在"现实世界"会受到哪些限制？对想法进行最苛刻的批评。深入探讨它所有的缺点和消极面。打开思路，思考你怎样才能消除这些消极的方面，甚至将其转化为加分项。毕竟，你也不希望大家对这个想法的热情这么早就减退。如果有需要，请转变你的视角。比如，如果其中一个消极面是这个方案的成本太高，就换个角度想一想："我怎样才能支付得起这些费用呢？"如果你能想出这个问题的答案，那原来的障碍也就不再是障碍了，对吗？

以此方式评估全部候选想法，最后你会得到对每一个想法的完整有力的描述。这项活动可能会彻底改变决策的方向，也许某个想法的头脑/内心分数很高，但仍然会有很多缺点，又或者某个想法的头脑/内心分数较低，但却有非常多的优点。不知不觉中，你已经通过这个过程完成了兼具左右脑的综合分析。

这个方法可能会遭到一部分人的批评，认为它过于粗陋简单或者太"软"——也就是"分析性不够"。但很多复杂的分析系统之所以会崩溃，恰恰是因为它们"太具分析性"。我们已经看到，逻辑对决策很有帮助，但过分依赖逻辑也可能带来惨痛的后果。强行使用复杂的测量方法和标准去评估不同的特性，会扰乱我们的选择，令我们困惑，出现可怕的分析瘫痪。而本部分介绍的系统则加入了生成性思维和丰富的情感，突破了这些限制。它有助于凝聚共识，因为团队成员共同参与的是一个有趣的讨论，而不是对着一长串详尽的标准一个个打钩。

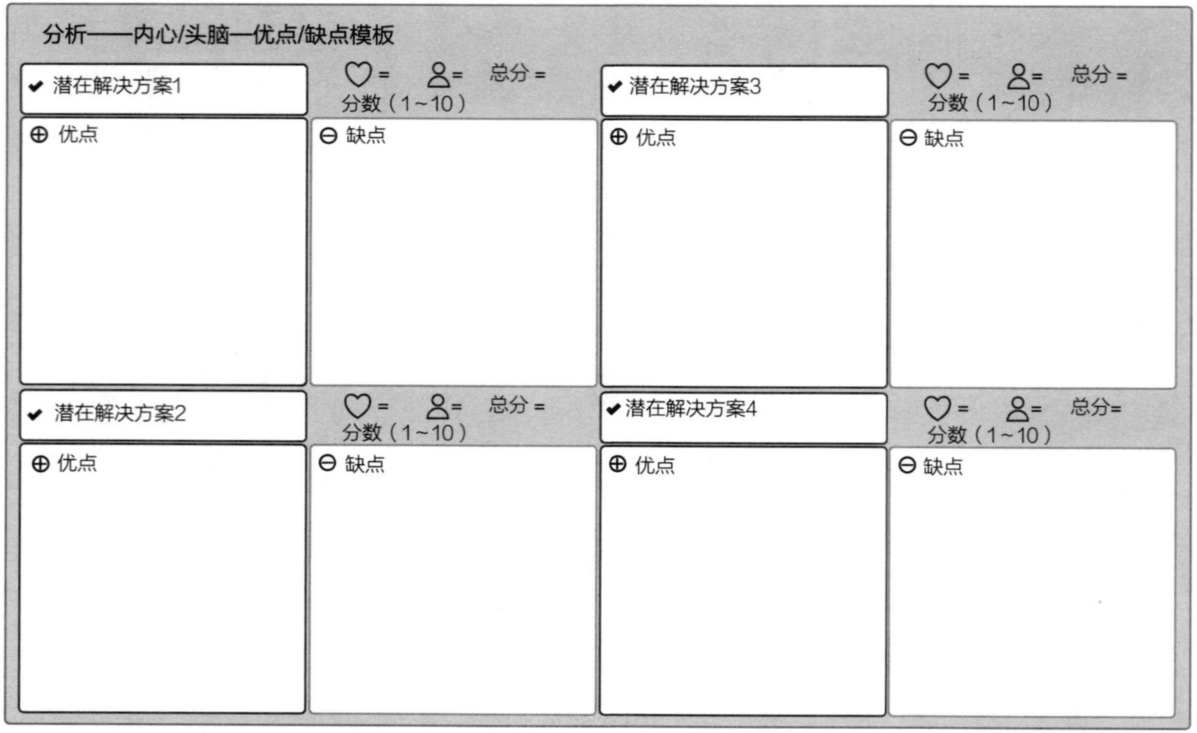

分析——内心/头脑—优点/缺点模板

▶ 潜在解决方案1
- ⊕ 优点
- ⊖ 缺点

♡= 👤= 总分=
分数（1~10）

▶ 潜在解决方案2
- ⊕ 优点
- ⊖ 缺点

♡= 👤= 总分=
分数（1~10）

▶ 潜在解决方案3
- ⊕ 优点
- ⊖ 缺点

♡= 👤= 总分=
分数（1~10）

▶ 潜在解决方案4
- ⊕ 优点
- ⊖ 缺点

♡= 👤= 总分=
分数（1~10）

图9-1 内心/头脑—优点/缺点模板

3. 选定

现在进入最后阶段了——选定方案。如果你已经跟着本书的步骤一步一步来到这里，应该已经有一两个选项脱颖而出了。在团队中进行简单的投票便可以选定值得实施的想法。你可以把想法张贴在墙上，请大家用彩色圆点贴纸进行投票（每人分配固定的数量），或者让大家举手表决即可。对于比较敏感或具有争议性的问题，可进行不记名投票。每个人把自己选择的方案写在纸上，再放入投票箱。人们可能会受到同事选择的过度影响，而不记名投票则解决了这一问题。

回到一开始定义的挑战，确保你们选择的方案（一个或多个）可以实现你们原来的目标。制胜方案通常包括以下关键特征（简称FAD），在风险和机遇之间取得平衡：

- F（Feasibility，可行性）：我们确实可以做到。
- A（Acceptability，可接受性）：我们能取得满意的回报。
- D（Desirability，合意性）：人们想要它。

如果能有一个正中目标的完胜方案固然是好，但还有一种可能是你有一两个建议实施的次优方案。也许某个方案优点突出，但还需要稍作修改才能完全达到标准；又或者，你需要对想法进行排名，看看要优先选择哪一个。拍板定案之前，把你的主要想法放到力场评估模板中进行测试。

力场评估模板

力场分析法作为一种变革管理模型，几十年前最先由库尔特·勒温（Kurt Lewin）（1951）提出。广义上来说，该模型提出的依据是，任何一个决策都受到两种力的作用——支持方案执行的驱动力和阻碍变革发生的制约力。力场分析法在这个阶段的作用是帮助团队评估某个潜力巨大的方案实施的可行性到底有多大。你可以在本模板相应的栏目里写下方案的驱动力和制约力，并分别为它们评分，让你对方案有一个整体的把握：如果驱动力大于制约力，这个方案就是可行的。这个做法对团队的好处是可以让可能受到该方案影响的人尽早发表意见。早期的讨论可以增加实施成功的机会。让我们一起来看一个例子吧。

第1步，当前状态或期望状态。在正中间的那一栏里写下你当前的情况或目标。例如，你提议办公室搬迁。

第2步，探究驱动力和制约力。思考所有能够帮助想法实施的力量，把它们列入"驱动力"一栏。这些助力既可以是现有的，也可以是你所期望的；既可以是内部的，也可以是外部的。比如，该方案是否让你们更具竞争力？是否可以快速实施？能否给你们带来更高的利润或效率？它跟整体的企业模式/愿景/战略是否融合？什么人或什么事物可以帮助想法成功实施？新技术、市场变化、法律法规、竞争、领导层的战略行动等都可以是驱动力。

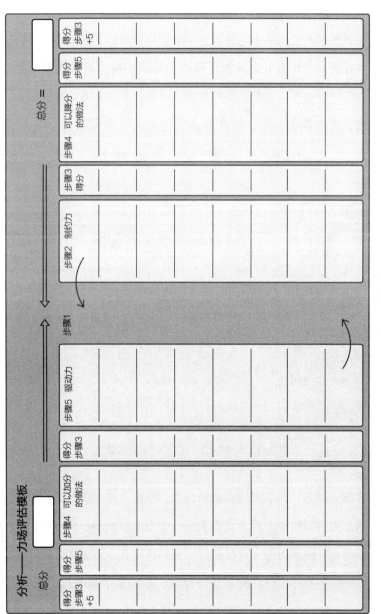

图9-2 力场评估模板

接下来，思考让方案实施变困难的所有制约因素。该方案实施后可能会引起什么问题？长期来看它是否会带来更多问题？它是不是只解决了部分问题？什么人或什么事物可能会阻碍想法的实施？组织惰性、员工敌意、对失败的恐惧等因素都算制约力。有时候，某些方案的潜力很大，但也同样蕴含着极高的风险。把这些制约因素写在"制约力"一栏（见图 9-2）。办公室搬迁的驱动力和制约力示例请见图 9-3。

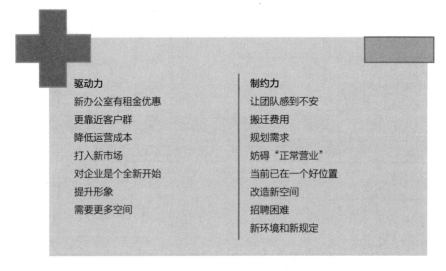

图 9-3　驱动力和制约力：办公室搬迁

第 3 步，评分。评估驱动力和制约力，根据其对方案实施的影响，在 1~5 分的范围内对每一个因素进行打分（1 分 = 影响小，5 分 = 影响大）。把所有驱动力和制约力的分数加起来，分别算出总分。想要充满信心地实施方案，你需要有一个较高的驱动力分数。如果你的两个总分分别是 21（驱动力）和 32（制约力），那么你可能就会决定这次先不搬办公室了。不过，这些分数是比较灵活的。如果你真的想推进某个项目并取得成功，这部分的分析可以帮助你思考如何提高驱动力的分数，降低制约力的分数，让方案顺利通过。

第4步，审查内容以提高/降低分数。按顺序审查每个驱动力，讨论可以提高分数的做法，也就是可以让方案更容易实施的方法。例如，你可以完善和落实体系，尽可能降低对公司业务的干扰，又或者可以通过奖励团队让搬迁更具吸引力。然后，探讨如何可以减轻或消除制约因素的影响，从而降低制约力的分数。解决制约因素能让方案变得更好，让天平倒向积极的方面。请注意这个活动可以扩展你的评估，在最终决策中同时融入生成性思维和分析性推理。

第5步，合计新的总分。把新的总分算出来。现在可以推进方案了吗？

法庭挑战

　　这个想法在法庭上站得住脚吗？我们已经看到，创新兼顾逻辑和情感。我们喜欢自己的想法，会根据自己对项目的乐观态度而做出决定，这很正常。但是，我们对某个想法的态度越积极，就越不容易看出它的所有缺点。克服这种选择性思维的有效方式是对你喜欢的想法进行"法庭审讯"，刻意搜寻并仔细考量否定这个想法的证据。鼓励你的同事提出反对想法的证据，故意唱反调。把萦绕心头的疑惑都说出来。不断地寻找想法的漏洞，很快你就会发现一个模式。这个方法能很好地对想法进行质疑和压力测试，告诉你哪些方面还有待提高。在完全投入实施之前，注意是否还有需要改进的问题。

所有的决定都伴随着一定的权衡或牺牲。

——西蒙·斯涅克（Simon Sinek），领导力专家、《从"为什么"开始》作者

没有任何解决方案会是完美的100分，其中总有妥协。但是如果你依照本章的步骤去做，你就能清楚地认识到积极/消极之间的权衡。选定获胜方案后，记得感谢每个人在整个过程中的贡献，这一点非常重要。毫无保留地说出自己的想法需要勇气，而且这可能花费了大家大量的时间和精力。请记得清楚地反馈为什么某些想法没被采纳。无论大家对自己被否决的想法有什么感受，都要表示尊重（Gower，2015）。

分析检查清单：要做的事和不要做的事

在创意解决问题的过程中，我们需要从整体上对想法进行评价。一个好的决定取决于多个不同视角的分析。只关注其中一个方面（比如只关注"事实"数据）无法让你认清全局。使用分析检查清单辅助你的思考，从不同的角度探索想法。这份清单能让你有条不紊，避开因偏见产生的陷阱——如果你在评价阶段没有下意识地思考什么该做，什么不该做，很容易被这些陷阱套住。你可以在 www.thinking.space 下载该检查清单。

第二部分　解决方案探测器

分析检查清单：要做的事和不要做的事

要做的事	不要做的事
✓ 统一评估标准，确定什么是真正重要的	✗ 对方案想太多
✓ 选定最具潜力的方案进行评估	✗ 只依靠数字进行判断
✓ 让你的思考保持生产力——使用全脑思维	✗ 只关注一个或两个选择——至少应有四个
✓ 记住：事实只能说明部分情况	✗ 你的假设只基于确认的证据
✓ 不要忽略情感体验	✗ 阻止会提出刁钻问题的人参与讨论
✓ 注意："地图不是领土"⊖	✗ 即兴发挥
✓ 欢迎有建设性的批评	✗ 困在不断调查的舒适区中
✓ 评估潜在风险，答谢每一个可行的选择	✗ 认为这是个一次性的过程
✓ 让其他人参与到评估过程当中	✗ 害怕重新思考，害怕产生其他想法
✓ 思考别人会如何看待方案，获得新鲜的视角	✗ 让心理偏见帮你预先确定选择
✓ 找出每一个潜在方案的优点和缺点	✗ 首选方案即使感觉不对也要继续进行下去
✓ 确认想法的支持率——用投票的方式看看其他人对各个选择的感觉如何	✗ 无视那些可以毫不费力马上验证的简单选择
✓ 对选择进行直接的比较	✗ 安于现状
✓ 使用经过反复测试的分析过程	✗ 不敢推翻决定
✓ 评估可行性、可接受性和合意性	✗ 分析得过早
✓ 评估想法的长期可持续性	✗ 使用"非此即彼"的思维方式进行思考（请考虑"兼容并包"）
✓ 安排时间对选择进行事后评判	

图9-4　分析检查清单

⊖ 译者注：引自波兰裔美国哲学家阿尔弗雷德·科日布斯基，意思是脑海中构建的想法跟现实有所区别。

> **关键要点**
>
> 解决方案探测器的第 3 步是要（通过分析）把想法转化成方案。根据仔细斟酌过的标准对上一阶段收集的想法进行分类和筛选，选定最"合适"的方案。本阶段的目标是让你在分析过程中使用"全脑"——像国际象棋大师那样，既运用你的情感和生成性机能（右脑），又运用逻辑推理能力（左脑）。
>
> - **内心/头脑—优点/缺点模板**。从内心（我对它的直觉如何？）和头脑（它具有逻辑性和实用性吗？）的角度出发，全面检查某个想法。你的想法完整吗？评估想法的优点（"绿灯"）和缺点（"红灯"），整体认识数据。
> - **力场评估模板**。分析驱动和制约想法实施的力量：步骤 1，确认当前状态或期望状态；步骤 2，探究驱动力和制约力；步骤 3，用打分的方式协助评估；步骤 4，探讨可以提高驱动力分数和降低制约力分数的做法；步骤 5，合计新的总分。你找到稳操胜券的解决方案了吗？
> - **分析检查清单**。遵守清单中的评估原则，战胜偏见，在做出重大决定之前把握全局。

参考文献

Binet, L and Field, P (2013) [accessed 29 May 2018] The Long and the Short of It: Balancing Short and Long-Term Marketing Strategies, *IPA* [Online] http://www.ipa.co.uk/page/the-long-and-the-short-of-it-publication#.Ww18Y_ZFxPY

Damasio, AR (1994) *Descartes' Error: Emotion, reason and the human brain*, Avon Books, New York

Gibb, BJ (2007) *The Rough Guide to the Brain*, Rough Guides, London

Gower, L (2015) *The Innovation Workout: The 10 tried-and-tested steps that will build your creativity and innovation skills*, Pearson, Harlow

Lewin, K (1951) *Field Theory in Social Science: Selected theoretical papers*, Harper & Row, New York

Moore, LB (1962) Creative action – the evaluation, development and use of ideas, in *A Sourcebook for Creative Thinking*, ed SJ Parnes and HF Harding, Scribner's, New York

Rebernik, M and Bradač, B (2008) [accessed 22 May 2018] Module 4: Idea Evaluation, *Creative Trainer* [Online] http://www.innosupport.net/index.php?id=6038&L=%273&tx_mmforum_pi1[action]=list_post&tx_mmforum_pi1[tid]=4096

Roland, L (2013) [accessed 29 May 2018] The Long and Short of It: Measuring Campaign Effectiveness Over Time, *WARC*, 12 June [Online] https://www.warc.com/newsandopinion/opinion/the_long_and_short_of_it_measuring_campaign_effectiveness_over_time/172

Schultz, N (2011) [accessed 21 May 2018] Chess Grandmasters Use Twice the Brain, *New Scientist*, 11 January [Online] https://www.newscientist.com/article/dn19940-chess-grandmasters-use-twice-the-brain/

Stevens, GA and Burley, J (1997) 3,000 raw ideas = 1 commercial success! *Research Technology Management*, 40 (3), pp16-27

解决方案探测器
步骤 4：行动方向

没有哪条老路可以通往新的方向。

——波士顿咨询集团

把想法转化为行动

没有实现的想法称不上创新。在很多企业，一旦解决方案定下来，创意问题解决过程就停住了。由于拖延、缺乏勇气或疏忽等原因，即便是最具变革性的方案也会被束之高阁，尘封至永不问世。你可千万别掉进这个陷阱里，能最快抹杀掉团队积极性和创造力的，就是一个终未实现的新提案。就创意而言，一开始产生想法很重要，但推进想法实现也同样重要，毕竟，我们讲的可是**应用创意**。

实施阶段是把想法转化为积极改变的重要阶段，改变的可以是流程、产品、部门、方法、文化、思维方式或工作方式。这个阶段是你所有前期思考的顶点。你已经准备好了前景最光明的想法——解决方案探测器的前三步负责完成想法的确定。现在，是时候加强想法的实践性，为其确定具体的框架结构，并通过设定目标和规划行动来推进想法实施了。你的想法需要有清晰的实施路径，从而以最佳状态生存。

此时，你可以使用**正向选择性思维**，全身心投入到你正在做的事情当中。你可以充分相信你的想法和能力，相信自己可以取得成功，因为你已经在解决方案探测器的前三步中打好了所有必要的思维基础。经过了前期的对话、设计、原型、测试、试行，这种信念会激励你采取行动，并在方案推出后一直支持你和你的团队完成这场创新历险。

天才是1%的灵感加上99%的汗水。

——托马斯·爱迪生（Thomas Edison），美国发明家

99%的汗水，持续创新

无疑，把想法变成现实需要动力、纪律和坚持。你已经来到了最后一关，但苦差事还远远没有结束。在构思过程中，为了找到最佳想法，你需要持续不断地探索；同样地，在方案实施的过程中，你也要为了确保方案持久可行而持续不断地探索前行。推进想法实施时，不要停止发挥创意，要不断加强创意。持续学习。实施工作郑重开始后，你需要保持高适应性。随着你发现什么可行，什么不可行，以及接下来要做什么，整个实施阶段应该是持续的动态发展过程。Rovio公司在开发手机游戏"愤怒的小鸟"的时候，经历了几千次的迭代，才最终想出了令人上瘾的游戏方案，引起全球关注（Cheshire, 2011）。而这个初始概念只是起点。自2009年发布第一版游戏后，"愤怒的小鸟"也在持续创新——更多的游戏关卡、版本、衍生品、可爱的玩具、系列动画片、图书、动画电影和其他新奇的产品。它是68个国家的iTunes中排行第一的付费软件，也是史上最畅销的付费软件之一。毋庸置疑，实施过程中需要付出大量的努力。想推进最佳想法的实施，并走过其中的起起落落，你的动力来自不懈的坚持。欢迎来到创意过程不那么有趣的部分。事实上，正因为创新过程艰苦难行，所以更应该学会发现一路上取得的每一个胜利，并且庆祝这些胜利。

> **案例研究　成功来之不易**
>
> 从全世界最受尊敬的创意领军人物的故事中，我们就会清楚地明白，没有人能随随便便成功，这些人的过去充满挫折。
>
> 华特·迪士尼（Walt Disney）的第一家动画公司破产了，而且他被拒绝了302次才最终为"迪士尼世界"筹得资金。
>
> 詹姆斯·戴森（James Dyson）花了15年时间，经过5127台样机的坚持后，才带来了让他大获成功的颠覆性概念——双气旋无袋式真空吸尘器（Malone-Kircher，2016）。当时没有一家生产商愿意生产这个产品，所以他随后成立了戴森公司，把自己的这个设计生产出来。
>
> 太空探索技术公司（Space X）和特斯拉公司背后的亿万富豪埃隆·马斯克（Elon Musk），他的职业生涯遭受了相当多的打击，其雄心壮志常常被人嘲笑。他最为人所知的经历之一就是在度蜜月途中被PayPal公司（他是联合创始人之一）赶下台。他的前三次火箭发射都以失败告终，他的两家公司在2008年的时候几近破产。但是，他并没有在失败中销声匿迹，而是以无可匹敌的强大精神和坚持不懈的韧性继续创新，努力探索清洁能源、革新性交通和太空移民领域。
>
> 说到坚持，又怎么能不提起试验了9000多种设计才最终成功发明电灯泡的爱迪生呢？为什么这些人可以家喻户晓，被千万人敬仰呢？因为他们一直在努力，永远不会说"不行"。

信念很重要

在02章，我们探讨了选择性思维的负面影响，你一定感到很奇怪，为什么我在这个阶段又会鼓励你有选择性地进行思考。我们已经知道，选择性思维对构思来说是很危险的，因为它会让你有了第一个好主意就往前

冲,不再考虑其他机会和路径。但是,在主动执行行动方向的阶段,你可以完全投入你的想法当中,因为你已经小心地走过了解决方案探测器的前几个阶段,保证了方案取得成功的最大可能性。到目前为止,你应用的是最优思维方法,所以你可以充分相信自己选择了正确的道路。

在为英国创新基金会 Nesta 准备的一份研究报告中,帕特森等人(Pattersonet al,2009)发现,"相信自己/信心"是有效创新的关键特质。与之相关的是领先心理学家阿尔伯特·班杜拉(Albert Bandura,1977)的研究,班杜拉提出了"自我效能"的理论——一个人对自己可以成功完成某个任务或实现某个情境的能力的信念。自我效能感越强,你越有力量实现自己的想法。当你真正信任自己的方案时,你就拥有了推进方案实施的动力、信念和决心,就可以一直努力到最后。

我为歌德的双行体诗歌感到深深的敬意:无论你可以做什么,或者梦想着可以做什么,尽管开始做吧。 无畏将赋予你天才、力量和魔法。

——威廉姆·H·默里(William H Murray),
《苏格兰人的喜马拉雅探险》

企业家的自我效能

强烈的自我效能感(即对自己有能力顺利完成任务的信念)可以通过有效的决策获得,这对企业家来说特别重要。德国吉森大学的心理学研究人员发现,自我效能与商业创意和商业成功之间存在显著相关性(Rauch 和 Frese,2007)。实际上,该相关性之高,可以跟美国成人身高与体重之间的相关性相提并论,那可是人类发现的最高的医学相关性之一(Bharadwaj Badal,2015)。高度的自我效能感可以促进某些行为模式,使企业通往成功,比如:

第二部分　解决方案探测器

- 激励人们采取主动；
- 让人们面对困难时可以锲而不舍，帮助他们更好地应对挑战；
- 给予人们信心，相信自己有能力解决各种（通常是意想不到的）任务；
- 让人们对未来的前景充满希望。

行动方向工具包

输入

　　一个或多个最佳/最具创意想法

过程

　　增进最终方案

　　规划并开始实施

工具

　　筑建方案模板

　　SMART 目标模板

　　行动计划模板

输出

　　进展中的实施过程

195

解决方案探测器的最后一步,请使用行动方向相关模板增进你的方案,设定明智的目标,执行行动计划,把你的创新想法推出市场。所有模板均可在 www.thinking.space 下载。

1. 筑建方案模板

你的初步想法并不成熟,但却是孕育着无限可能、充满潜力的。在想法处于萌芽状态时,你需要对其进行恰当的处理,助其发展成稳健可行的方案。例如:电动车的概念并没有人们以为的那么新。早在19世纪,人们便首次做出了实体电动车。但它很快就输给了更加经济简易的内燃机车。直到最近关于电动车的开发创新日趋完善,才让电动车可以直接取代以汽油提供动力的传统汽车,因此电动车的想法在21世纪方可加速成型。

全身心投入目标设定或规划之前,你需要修饰和完善你的方案,让它在推出时一切准备就绪。记住,计划开始实施之后,你也还是应该继续完善想法,尽可能做到最好。不断问自己:"怎样可以做得更好?"

在分析阶段已经开始的工作的基础上,把你有趣的想法转化成更加可行的方案。使用力场评估、法庭挑战(见09章)以及SWOT分析[⊖]等工具审视你的想法,从多个角度提升想法。基于你的挑战和目标再次对想法进行思考,寻找加强想法的方式,让它变得更具可行性、可接受性和合意性。

这个练习的必要性在于,它能为你的想法赢得所需的支持,最大限度地让它为人所接受。你需要通过这种"买进"的方式,刺激和引领参与

⊖ 译者注:SWOT 分析,基于内外部竞争环境和竞争条件下的态势分析。

到实施过程中的其他人。要想取得成功,每个新方案都绝不能脱离现有的人员、技术和能力范围。例如,你需要考虑到将会使用你的想法或者需做出改变适应这个想法的所有人(顾客、员工、利益相关者)(McKeown,2014)。对于你提出的这个方案,你需要预先对人们会产生的犹豫做好准备,考虑可能帮助或阻碍方案实施的其他因素(地点、事物、办公室政治、规则、技巧、时间或行动)。通过这个练习,你可以构建出一个能经受住各种变化的强大方案。

不要过分吹嘘你的想法,把它描述成最终的方案或确定不变的前进方向。你应该把它定位成初步想法,并请其他人一起在此基础上发展想法,让它变成大家的成果。这给了大家积极主动投身于方案实施的合理原因。分享这份荣耀。把你的自我意识先放到一边,不要担心你提出想法的功劳被别人分走。人们会记住你的团队精神,认可你在发现新方向、设立新目标方面的积极作用。

回顾解决方案探测器步骤3的"优点和缺点"审查。现在,请提出可以"促进"积极方面和"修补"消极方面的实际方法。

促进方法

先从优点("绿灯")开始,写下可以发挥或增强每个优势的方法。你可以怎样改善方案,让它更好更高效,更有用更可靠,更具成本效益,更加持久?这个想法还可能让你完成什么其他目标?比如说,你提出了一个能提高公司研讨会和工作坊出席率的绝佳推广方法,也许你可以让这个方法再上一个台阶,使它更能吸引你的目标市场。

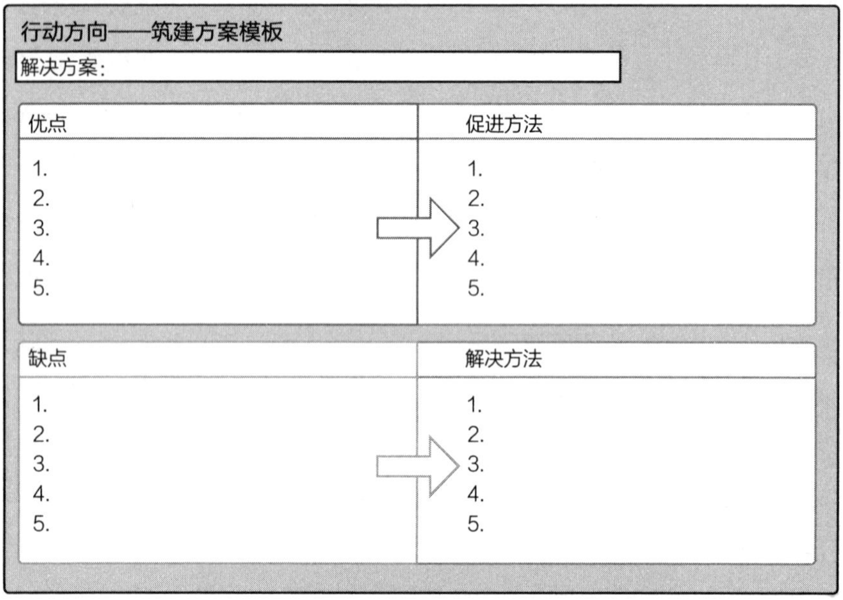

```
行动方向——筑建方案模板
解决方案:

优点                促进方法
1.                  1.
2.                  2.
3.        ⇒         3.
4.                  4.
5.                  5.

缺点                解决方法
1.                  1.
2.                  2.
3.        ⇒         3.
4.                  4.
5.                  5.
```

图 10-1　筑建方案模板

解决方法

接下来，探讨能够克服想法的缺点，根除毛病的所有方法。怎样做可以降低其他人的疑虑，消除潜在的风险？不要只是简单地修补缺陷，进一步把可能的妨碍因素转化为积极因素。例如，如果你提出在公司引进新的管理方法，想一想利益相关者可能怎样质疑你的变革方案。这时你应该思考如何能让方案变得更利于公司、员工、合作伙伴和客户，为应对质疑做好准备。

想法本身并不是创意过程的总和,它只是开始而已。

——约翰·阿诺德(John Arnold)教授,斯坦福大学

测试方法

构筑方案的其中一个流程就是要对方案进行测试,看看它是否有效。对想法进行建模、原型制作或"真人"试验,你很可能发现之前从没想过的实际问题或缺陷。这样,你就可以在全身心投入实施前对想法进行重建或者"去风险"。以下是一些快速测试的方法:

原型制作。为你的想法制作样本或工作模型。你的想法在理论上是可行的,但只有开始建立实体模型,你才能真正理解它在实际过程中如何运作。相比于只进行正式陈述,一个可见、可触摸的原型可以让别人更好地理解你的想法。你的原型并不需要有多精致——用点儿纸板、胶带和马克笔就能做出不错的作品,或者给网页或应用程序画几个骨架屏也是可以的。

可用性测试。创造测试环境或进行模拟实验,邀请潜在消费者来体验你的产品或服务。仔细观察他们如何跟你的想法互动。是否存在没什么人需要的特性?整个体验过程有没有让用户觉得紧张或疑惑的时刻("痛点")?收集这些反馈的目的是搞清楚人们喜欢你想法的哪些方面,以及有什么问题可以在方案推行之前及时解决。

试点。把新系统、新产品或新程序放在现实生活中进行短期试验,看看是什么情况,就像是大型演出之前的带妆彩排。

原型制作及测试的结果能够帮你在大规模实施方案之前改善或验证你的想法。你的创新方案真的准备好了吗?在测试中寻找答案吧。

2. SMART 目标模板

你也许很清楚自己为创新项目定下了什么目标，但其他人可能并不是那么清楚。你需要以一种可衡量的方式简明地阐述目标，让你自己以及所有相关人员可以知道怎样才算成功。如果你的目标是无形的（如提高员工积极性、实现企业文化转型等），就更有必要阐述清楚了。研究表明，清楚地写下目标的人更容易实现目标。加州多明尼克大学的盖尔·马修斯（Gail Matthews）博士对 149 名参与者进行了研究，他发现，那些写下目标，做出行动承诺，并与朋友分享目标和进度的人拥有较高的成功率（76%）；相比之下，只是默想目标的人的成功率则低得多（43%）。此外，培训和咨询公司"领导智商"（Leadership IQ）对 4960 人进行了调查。调查发现，能够生动描绘目标的人成功实现目标的可能性是其他人的 1.2 到 1.4 倍（Murphy，2010）。用写下来的方式表明实现目标的决心，实际上是在逼自己阐明意图，并且真实地感受到目标的存在。把目标分解成一个个里程碑，你会更有动力从始至终一路完成目标。如果你是跟他人一起合作，设定目标可以帮助团队分清事情的轻重缓急，做出更好的决策。拥有清晰易懂的目标也能让你在实现想法的过程中可以及时发现并庆祝胜利时刻。

设立目标的方法有很多，选择最适合你的就好。无论面对何种挑战，SMART 技巧都非常适用于制定简明清晰的目标。SMART 目标模板鼓励你为自己设定"明智"（SMART）的目标，描述你心目中成功的创新结果（惊不惊喜？意不意外？）。这些都是具体、可测量、可达成、具有相关性和时效性的目标，模糊的目标并没有多大帮助。完成模板的填写后，你将对成功拥有一个可视化的概念，也有了努力的方向。这不仅可以帮助你自己集中注意力，还可以作为一个内部文件，引导参与实施该方案的其他人把关注点放到正确的地方上来。

评估状况。阐明目标之前，花点时间检查你当前的情况和试图解决的问题。想想自己的意图。这些构成了你目标的核心目的，是你想要解决这个特定挑战的根本动力。例如，节育运动的先驱玛格丽特·桑格（Margaret Sanger）希望女性可以拥有掌管自己身体的权利，于是设下了研制口服避孕药的目标。

具体。详细定义你的期望成果/目标。写下你的目的、涉及的人员和地点，以及你定下这个目标的原因。例如，"我们的目标是大力培训所有分析人员使用新的商业智能软件，这样就可以为所有工作单位的战略和战术决策获得更多更全面的数据"。

可测量。列出明确的目标、指标或最佳实践标准，这样就能测量你取得了何种程度的成功。成本是多少？涉及什么项目？怎样知道目标已经完成？如果你的目标是提高顾客满意度，你想提高百分之多少？如果你准备发布新产品，你想卖出多少？据麦肯锡研究，超过70%的企业领导者把"创新"排在企业优先考虑的事情的前三名，但只有22%的领导者设立了衡量创新表现的标准（Barsh，Capozzi和Davidson，2008）。评价创新目标也许并不是什么容易的事，但设立指标能帮助你测量你的努力取得了怎样的成功，这非常重要。你可以基于财务表现设立指标，也可以基于人数或者实用性等基准。

可达成。你的目标是可实现的吗？目标是否低于标准？过高的目标会让人难以实现，而目标设得过低又无法带来显著的变化。你的目标应该体现出可观的增长或进步，但要确保这些目标都在你的可控范围内，也不能

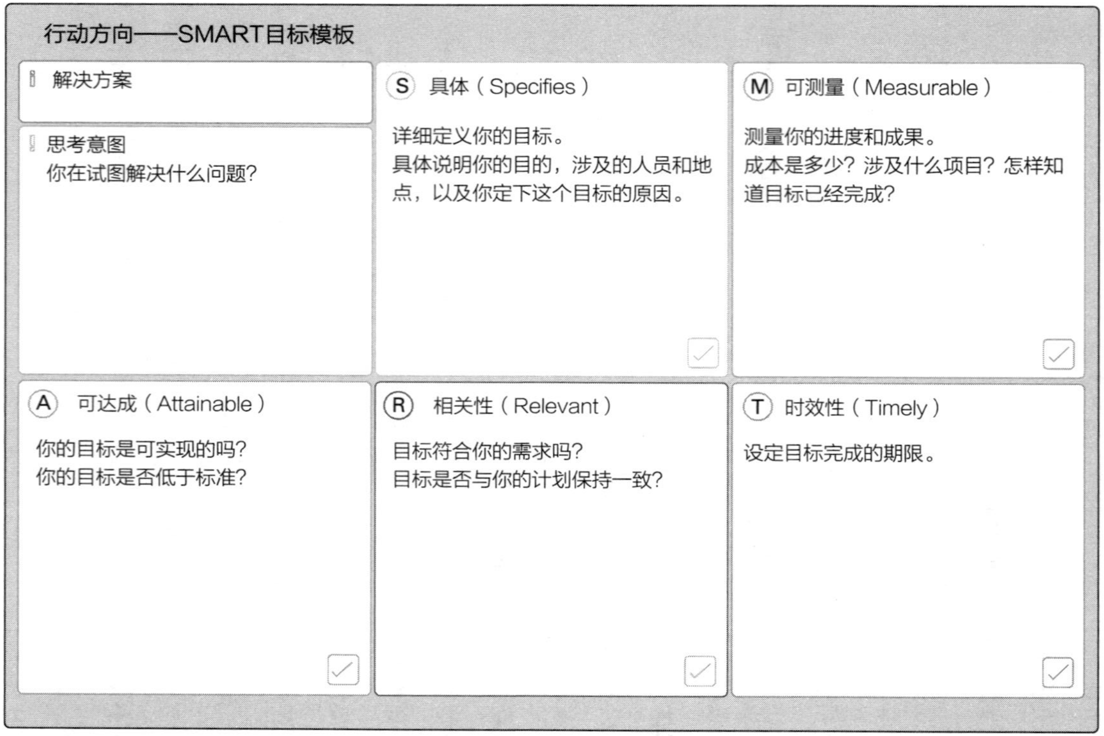

行动方向——SMART目标模板

解决方案

思考意图
你在试图解决什么问题?

(S) 具体(Specifies)
详细定义你的目标。
具体说明你的目的,涉及的人员和地点,以及你定下这个目标的原因。

(M) 可测量(Measurable)
测量你的进度和成果。
成本是多少?涉及什么项目?怎样知道目标已经完成?

(A) 可达成(Attainable)
你的目标是可实现的吗?
你的目标是否低于标准?

(R) 相关性(Relevant)
目标符合你的需求吗?
目标是否与你的计划保持一致?

(T) 时效性(Timely)
设定目标完成的期限。

图10-2 SMART目标模板

影响你的其他主要职责。

相关性。目标符合你的需求吗？目标是否与你的计划/大局保持一致？不要只是因为觉得应该设立目标而设立目标，否则你无法保持热情并下定决心实现目标。不论你的目标是创造新潮流，多赚钱还是享受更多的乐趣，都要确保该目标与企业的主流文化和经营活动相符。你的目标应该清晰地"瞄准"部门或组织的整体目标。

时效性。为你的目标设定一个完成的期限。个人发展作家及人生导师安东尼·罗宾（Anthony Robbins）把目标定义为"有截止期限的梦想"。截止期限为目标增添了紧迫感，加快目标的实现，是使得目标真实可见的终极"定海神针"。例如，"在 6 月底之前找到两家新的组件供应商""在三个月内令每月支出减少 10%""在六个月内使网站流量加倍"或者"在 2019 年第三季度结束前实施新的客户关系管理系统"。如果没给目标设定时限或开始时间，你会很容易拖延，并在每天的琐事中迷失你真正想追求的方向。你可以在实现主要目标的过程中设置取得各个关键成绩的截止日期，例如，新的 IT 系统分别要在什么时间完成规划、开发和实施，又要在什么时候进行测试，什么时候培训团队理解和使用它。

这种目标设置的概念就是通过引进新的东西（新顾客、新项目、新市场、新产品、新方法等）来引领创新。但仅仅设置目标并不足以保证你可以成功实施你的倡议或方案，你必须一步一步达成目标。我们常常执着于最终的结果，却忘了规划一路上所需的各个步骤。这样会导致我们被外部力量所支配，容易受到自我批评的攻击和控制："我永远不可能按时完成这个""这是个不可能达成的目标"。

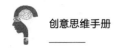

3. 行动计划模板

设定 SMART 目标后,你已经确切知道了自己要去的方向——但怎样去到那儿?积极的规划能帮助你把"大大的梦想"分解成一个个独立且易于管理的步骤,确保每个人都能根据终极目标做出响应和每日行动,克服反应性思维。

使用行动计划模板拟定作战计划,开始你的创新项目吧。你的计划不需要多么复杂精细,也不需要详尽无遗,只需做到有条理就好。如果其他人也参与了你的规划,请给他们"买进"这个项目的机会,拥有一定的所有权。

第 1 步,确定任务

把实现目标需要完成的所有任务都写下来,这有助于你在最开始时顺利启动工作,并一步一步完成这些任务。你需要采取的第一项行动是什么?完成它之后,紧接着又要做什么?关注那些对你实现目标至关重要和最能推动你向前迈进的任务。使用便利贴,根据任务的优先次序把它们归入模板中的"现在""下一步"和"不久之后"三个类别,你就能清楚地看到你需要完成每一项任务的顺序。在每张便利贴上写明各个任务的相关细节,比如"目标完成日期"和"任务负责人",使责任落实得更加到位。有些任务需要跟其他任务一起完成,而有些任务则需要单独完成,制定时间线时记得考虑任务的相依性。

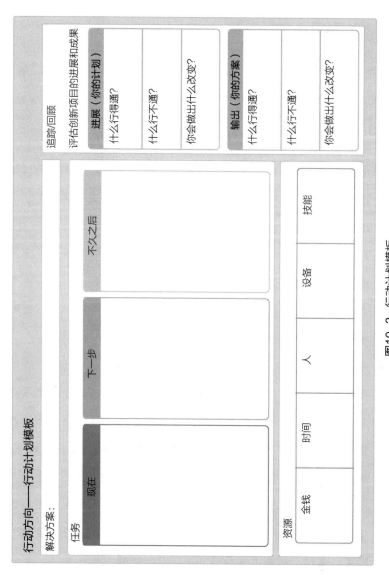

图10-3 行动计划模板

创意思维手册

第2步，分配资源

清楚知道所有任务后，对它们进行更详细的研究。在人员、金钱、设施、时间、专业技能等方面，你需要哪些资源才能完成目标任务？利用下面的提示，检查你是否考虑到了所有相关要素：

- **金钱。**完成所有行动步骤需要哪些资金？钱已经到位了吗？如果还没有，你怎样才能获得所需的资金？回答这些问题也许会帮助你发现完成计划还需要增加哪些额外的行动步骤。

- **时间。**为每个行动步骤添加时间表。达成目标的时间充足吗？本模板可以帮助你发现是否需要调整任务的时间顺序，让其他需要事先完成的任务先做完。如果完成某个任务的时间不够，也可以看看怎样能从其他活动中借点时间。

- **人。**实现计划所需的人力资源是否充足？哪些人可以为你提供支持和贡献？人们是否能应付增加的工作量，还是说你得招募更多人手？确保所有的任务都分配给了对的人。未分配的任务很容易完成不了。把不擅长的工作授权或外包给别人完成是个好主意——找助理帮忙完成行政工作，或者请熟练的自由职业者来做精细的技术、分析或创意工作。关注你最具优势或天赋的那部分工作，如战略决策或与主要客户沟通，能让你实现最大价值。人们可以通过不同的方式帮助你——有人提供时间、知识、资金或影响力，有人则提供精神上的支持。确定什么人可以帮助你之后，问问自己怎样可以进一步提高他们的参与程度。这是否意味着你要为计划增加额外的行动步骤？

- **设备**。你是否具备执行计划所需的必要装备、系统和设施？如果你已经具备所需的物料，把它们纳入你的项目计划。如果还没有，请写下你准备怎样得到它们。
- **技能**。你和你的工作伙伴是否拥有完成每个行动步骤所需的知识，进行了相关的培训？你还需要多少训练？如果你还需要更多的专业技能或知识，写下你将怎样得到它们。

现在，你有了行动的平台。对于小项目，也许并不用考虑全部的要素。例如，如果你正在实施一个建立部门数据库的小型内部项目，只考虑"人""技能"和"设备"或许已经足够。对于更大更复杂的项目，使用专业正式的项目管理技巧和工具能帮你更好地管理所有活动，比如甘特图以及相关的任务和项目管理软件。

第3步，沟通计划

如果你希望人们支持你的绝妙方案，就得好好推销这个方案。怎样才可以让人们对这个想法抱有热情并且接受它？谁会反对这个想法或者你需要说服谁接受它？新的计划并不是自然而然就被人所接受的，实际上，大多数情况下人们会抗拒新计划。这种抗拒的产生有各种原因，比如对未知的恐惧、对信息的缺乏、担心现状受到威胁、害怕失败、缺乏感知利益等。因此，做好准备迎接负面反应，不要让它阻碍你实施想法。你应该做的是想想怎样才能扭转潜在的负面反应。

库尔特·勒温（Kurt Lewin）（1958）在其变革管理理论中指出，在变革开始之前，人们必须被告知变革的情况。良好的沟通至关重要，在沟通中你可以概述变革的好处，让大家站在你这边。用讲故事的方式介绍变

革吧。起一个醒目的标题，完整地描述实施想法的全过程，不要忽略潜在的障碍、选择和运气成分。可以提及你在解决方案探测器步骤3（"分析"）中列出的优点，加上可靠的事实和数据作为支撑信息。避免使用陈词滥调或者行话——使用日常语言清楚地传达你的信息，让大家都能听进去，理解信息并且采取相应的行动。让你的介绍尽可能简单些，只关注核心问题以及你打算怎样用创意的方式解决问题。但最重要的是展现你的热情和决心。要成功推销想法，你就要表示出你对它的坚定信念。

第4步，执行计划

最后，所有的思考和计划都要变成行动。在这一步，你将注入精力和热情使想法变成现实。不要等待太长时间。如果你非要等到所有条件都准备完美才开始执行，那你可能永远都开始不了。如果你要执行大型的方案或变革，我会建议你使用一些变革管理方法和技巧，尽可能平稳地实现过渡。

不论你的想法有多棒，它都不可能是完美的，一旦把它放到现实世界，谁都不知道结果会是如何。尽管你有着最好的打算，但新业务、新决定和新项目都有可能失败或达不到目标。所以，请随时准备好合适的B计划，以防A计划的效果不如预期。小心提防影响计划执行的隐患或潜在限制。确保你拥有一个高效的汇报系统，可以随时监控进度，快速觉察到中途出现的障碍（见下一步）。例如，是否有新的竞争对手进入了市场？现在的管理结构是否阻碍了发展？我们有没有缺少哪些重要技能？对新出现的信息保持开放的心态，密切留意周围发生什么情况，做好准备，一旦发现方向不对就马上转向。

所有这些计划都不是要寻求必然的确定性。我们很难做到百分之百正确，差不多正确就可以了。拥有计划并不是商业成功的保证，不代表你永远不会出错或者再次被动反应。但计划可以帮助你减少犯错或者被动反应的次数，降低其严重性。

在脸上挨拳头之前，每个人心里都有一个计划。

——迈克·泰森（Mike Tyson），前职业拳击手

> **案例研究　权力大的人也会出错**
>
> 麦库姆斯商学院的詹妮弗·魏特森（Jennifer Whitson）发起了一项研究，研究表明，比起没什么权力的人，权力大的人更倾向于以行动为导向，也更关注目标（Whitson等人，2013）。尽管这种果断采取行动的倾向可以驱动成功，但另一方面也显示出了问题——权威较高的领导层较难发现实现目标过程中的障碍。在魏特森的实验中，参与者会随机分配到一个职位，要么是权力大的职位，要么是没什么权力的职位。在一项练习中，两组人被要求想象自己正在计划一次前往亚马逊热带雨林的旅行，或者想象自己是一名准备开始销售鲜花的创业者。然后，他们会拿到一些陈述，在规划的时候需要把它们考虑进去，其中有一半是对目标实现有利的陈述（如"你以前去过丛林"），另一半是制约目标的陈述（如"你很害怕当地的一些动物"）。过些时候，参与者被要求回忆这些陈述。研究人员发现，权位高的人回想起的制约性陈述远少于权位低的人回想起的制约性陈述。权位低的那一组回想起的有利陈述和制约性陈述的数量差不多。于是，魏特森得出结论，我们有充分理由相信，权力大的人更难看到障碍或挑战（Collins，2015）。
>
> 如果你成为主管或者CEO，你就要明白自己对预期以外的障碍的辨别能力也许会降低。你不知道需要做什么去强化或实施方案，因为你可能缺乏相应的思维工具。而你的员工则可能有着更平衡的观点，让你更加踏实。他们可以帮助你找出潜藏在迷雾中的问题。所以，最好的做法是日常与这些可以指出风险的人合作，为决策执行的道路扫清障碍。

创意思维手册

第5步，回顾和庆祝进步

你如何确切地知道你做的决定是正确的？创新在反馈中得以发展。收集数据在执行阶段非常重要，能帮助你评价取得的成功、学到的经验或遭受的失败。在过程中及时查看数据能让你对活动进行实时的管理和调整，确保你处于正确的前进方向。如果你搞砸了什么，能够在它还是小麻烦的时候及时补救，而不必等它酝酿成大问题，找到公开透明的方法测量你实现目标过程中的表现。作为回顾的一部分，你需要评价你的进展（计划）以及输出（方案）的有效性。一个"胜券在握"的想法可能会因为你瞄准了错误的客户群、技术成本过高或项目管理不稳定而遭受失败。

- **进展**。计划是否按照预定的安排执行？如果计划没有按预期执行，请思考：这是不是个务实的计划？完成计划所需的资源是否充足？是不是缺少了哪些支持变革的系统或流程？是不是忽视了哪些方面？有没有出现很大的错误？人们是否抗拒这个计划？你在哪里浪费了时间？如果你还想再次追求类似的目标，想想之前有哪些步骤是成功的，在修订执行方案时保留这些成功的要素。然后，对那些可以做得更好的地方全部进行修改，例如，为某些特定的任务留出更多的时间，获得额外的资金避免失败，等等。

- **输出**。如何追踪决策的有效性取决于你实施的方案类型。有些方案以数值作为基准，通过数量比较出变化，例如，瑕疵品出现的频率、方案实施前后的投诉/错误次数变化等。对于这类方案，你可以收集数据和其他数学信息，用定量的方法检测效果。另一些方案则关乎人们在态度、意见、满意度或士气等方面的转变，这种情况更适合用定性的方法检测效果。例如，可以综合使用问卷调查、焦点小组访谈等方式，向受方案影响的人收集反馈。他们的反响可以告诉我们，大家对方案有多大的信心。

随着你得到各种结果，这时候应该退一步，客观分析一下为什么你的创新战略可以奏效或不能奏效，这是很重要的。实施过程中发生了什么？哪些地方进展顺利，哪些地方表现不太好？下次你会如何改变？

花点时间回顾并庆祝你取得的成就。完美主义者经常难以向前，因为他们永远都不会为自己的成绩感到满意。学会发现成功的法则，以后便可以不断重复使用。庆祝团队的胜利能很好地营造出充满活力和创意、"家一般"的氛围，让人们有机会在共同参与的活动中拉近距离，激发他们产生和实现更多创意。工作场所以外的团队聚餐或者一起出去野餐都是既简单又有效的方式。庆祝每次取得的进步，而不仅仅是最终结果。在任何一个创新过程中，都一定会有不同的项目里程碑。这时便是肯定当前进度、庆祝小小胜利的最佳时刻。

没有完成目标？不必灰心丧气，即便是最成功的创新者也会时不时搞砸。记住，失败是成功的垫脚石，而不是绊脚石。摩托罗拉和苹果曾经尝试在手机中添加 iTunes 音乐播放器，合作推出了 ROKR E1，但其表现令人大失所望。不过，正是 ROKR E1 的失败促使了苹果决定生产自己的智能手机。这些错误和让人失望的时刻往往教会我们最多。最重要的是我们要保持积极的态度。创造力会在积极的态度、冒险精神和决心中茁壮成长，所以请对那些符合你愿景的机会保持关注。搞清楚哪里做得不对，以创新的方式调整或修改你的目标，让自己回到正轨。

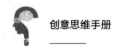
创意思维手册

我们不从经验中学习。我们从对经验的反思中学习。

——约翰·杜威（John Dewey）在《我们如何思维》中写道（1993）

案例研究　反思和学习

研究表明，花时间对工作进行反思，会带来更好的工作表现。在哈佛商学院的一个实地研究中，外包公司威普罗（Wipro）的员工被分成三组：反思组、分享组和控制组（Di Stefano 等人，2014）。反思组的成员会拿到一个日志本，根据要求，他们要在每天工作结束前15分钟反思当天的活动，写下关键的经验教训。分享组的成员也是以同样的方式先反思10分钟，然后再花5分钟向一名同事解释他们的笔记内容。控制组的成员则只是继续工作直到下班。连续十天之后，写日志反思的员工的工作绩效比没有反思的员工的工作绩效高22.8%。定期的自评与学习对于营造"追求更好"的文化至关重要。人们可以有机会停下来，在脑海里细查一天的经历——通过总结当天的经验教训，员工们可以在之后的工作中提高效率。因此，常常监测和反思方案的进展十分重要。不要只关注哪里跑偏了，也要和大家共同庆祝每一次小小的胜利。这会产生一种累积效应，让人们更有信心，相信自己有能力实现目标，方案也因此更有可能成功实施。

第6步，重复

回顾是创新过程的最后一步还是第一步？实施方案并不是一个严格的线性过程；而是一个连续的循环发展过程。在市场上或企业内部推出新想法只是一个开始。请在持续的反馈循环中不断发展你的计划。日本的"Kaizen"（或"持续改善"）哲学鼓励人们不断对工作做出细小改变，一点一滴取得进步。最后,这些小小的改变积少成多,就会带来巨大的改变。很多公司取得一次巨大胜利便自鸣得意,但一次杰出的创新并不足以带来永久的成功,创新的势头必须保持下去,这样你才有动力测试和实施更多原创方案。作为创意领导者,你应该密切留意改善的机会,根据情况变化对业务进行调整。使用SWOT分析模型或PESTLE分析模型[1]等有效工具,保持对内部和外部环境的掌握。问问这些问题:

- 为什么我们这样做?
- 缺少了什么?
- 我们在忍受什么?
- 我们有没有根据客户或市场的需求变化不断调整?
- 我们忽视了哪些机会?
- 我们在哪些方面面临着风险?

亚马逊就是利用创意资源持续发展业务的最佳案例。其创始人及CEO杰夫·贝佐斯(Jeff Bezos)说过,"每天都是第一天",这样的思维模式推动了亚马逊的大规模创新,已经融入了企业的血液当中。比起在舒适区中安稳度日,这家网络零售商不断扩张业务,多方面进行新尝试。它的其中一些主要成绩包括:Alexa(亚马逊子公司,基于人工智能的数字助理)、一键下单、Kindle电子书阅读器、亚马逊Marketplace(允许第三方供应商通过其平台进行销售)、亚马逊Prime(亚马逊的会员计划)、音

---

[1] 译者注:PESTLE分析模型,是对组织运作所处的宏观环境进行考虑与评估的一种分析模型。

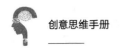

乐流媒体、电视/电影内容，通过机器人实现自动化配送，等等。我还可以举更多例子。

亚马逊的理念就是尽早创新，同时不要忘记核心目标。贝佐斯在亚马逊2011年股东大会上说："我们对梦想很执着，在细节上则很灵活。"这里的建议是：做好规划，但也要保持机敏和灵巧，这样就能随时准备好拥抱新趋势。坚定但不要死板。毕竟，无论发生什么都能按原计划坚持到底的情况少之又少。再次提醒，不要追求完美。亚马逊也并不是总能一次就把事情做对。它的第三方销售业务就经历了三次尝试才真正确立起来。

行动方向检查清单：要做的事和不要做的事

在行动的艰苦过程中保持思维方向正确并非易事。你是否百分之百支持你的决策？你有管理想法的资源和能力吗？你的策略是否与长期目标相符，同时保持一定的灵活性？参考行动方向检查清单能让你从计划中充分受益，在创新之路上取得真正的成功。你可以在 www.thinking.space 下载该检查清单。

行动方向检查清单：要做的事和不要做的事

要做的事	不要做的事
✓ 相信你自己和你的团队	✗ 忽略全局——既要看到树木，也要看到一整片森林
✓ 行动起来	✗ 以为所有人都明白你的目标——你需要进行解释说明
✓ 使用"决策雷达"工具	✗ 因为害怕判断错误而退缩
✓ 分配好实施方案所需的资源	✗ 总是往后看
✓ 设定清晰、可达成并且有时间限制的目标	✗ 反复质疑你的决定
✓ 制定实施计划	✗ 改变主意（除非没有其他选择，否则不要改变主意）
✓ 想一想哪里可能出问题——做好应急计划	✗ 期望实施过程很容易——任何重要的事情都不容易
✓ 与利益相关者商议决策	✗ 希望马上看到结果
✓ 定期反思决策及其进展	✗ 害怕尝试让决策变得更好
✓ 监控、记录并分享结果	✗ 忽略从成功和失败中学到的经验教训
✓ 记住，你不太可能百分之百正确——"差不多正确"就可以	
✓ 使用可视化工具进行项目管理	
✓ 定期召开进度会议	
✓ 把一路上的"点"都连接起来	
✓ 及时庆祝每一个成功的结果	
✓ 百分之百支持你的决定——给它一个机会	
✓ 有热情、有决心	
✓ 执行你的计划	

图 10-4　行动方向：要做的事和不要做的事

> **关键要点**
>
> 追求创新就意味着采取行动。在解决方案探测器的最后一步,你会把想法变成强有力且易于沟通的方案,并为实施方案制定工作计划。只要你相信自己的方案,对它抱有信心,就没有什么可以阻止你了!随机应变,跟踪进度,保持创新,庆祝成功吧。
>
> - **SMART 目标模板**。根据 SMART 原则设定清晰的目标,可以让你对成功有一个看得见的概念,有了努力的方向。
> - **筑建方案模板**。看看有什么方法能让你的想法更强有力、更受欢迎、更具吸引力、更有帮助、更加实用/有效。你可以怎样增强积极影响("绿灯"),减轻负面影响("红灯")?
> - **行动计划模板**。大致列出你战略中的行动步骤以及克服障碍的方式。分配好你的资源(金钱、时间、人员、设备、技能),与重要的利益相关者进行沟通,然后开始行动吧!不断地根据反馈回顾表现,为持续创新调整行动。
> - **行动方向检查清单**。注意清单里要做的事和不要做的事,能帮助你更好地实施想法,朝你的创新目标迈进。

参考文献

Bandura, A(1977)Self-efficacy: toward a unifying theory of behavioral change, *Psychological Review*, 84(2), pp 191–215

Barsh, J, Capozzi, MM and Davidson, J(2008)[accessed 12 June 2018] Leadership and

Innovation, *McKinsey Quarterly* [Online] https://www.mckinsey.com/business-functions/strategy-and-corporate-finance/our-insights/leadership-and-innovation

Bharadwaj Badal, S (2015) [accessed 5 June 2018] The Psychology of Entrepreneurs Drives Business Outcomes, *Gallup* [Online] http://news.gallup.com/businessjournal/185156/psychology-entrepreneurs-drives-business-out-comes.aspx

Cheshire, T (2011) [accessed 8 June 2018] In Depth: How Rovio Made Angry Birds a Winner (and What's Next), *Wired*, 7 March [Online] http://www.wired.co.uk/article/how-rovio-made-angry-birds-a-winner

Collins, M (2015) [accessed 15 June 2018] In One Ear and Out the Other: What Powerful People Do Differently, *Texas Enterprise*, 6 February [Online] http://www.texasenterprise.utexas.edu/2015/02/06/research-brief/one-ear-and-out-other-what-powerful-people-do-differently

Dewey, J (1933) *How We Think: A restatement of the relation of reflective thinking to the educative process*, D.C. Heath and Company, Boston, MA

Di Stefano, G et al (2014) [accessed 18 June 2018] Learning by Thinking: How Reflection Aids Performance, *Harvard Business School Working Paper No. 14-093* [Online] http://www.sc.edu/uscconnect/doc/Learning%20by%20Thinking,%20How%20Reflection%20Aids%20Performance.pdf

Lewin, K (1958) Group decisions and social change, in *Readings in Social Psychology*, ed GE Swanson, TM Newcomb and EL Hartley, Holt, Rinehart and Winston, New York

Malone-Kircher (2016) [accessed 5 June 2018] James Dyson on 5,126 Vacuums That Didn't Work-and the One That Finally Did, *New York Magazine*, 22 November [Online] http://nymag.com/vindicated/2016/11/james-dyson-on-5-126-vacuums-that-didnt-work-and-1-that-did.html

Matthews, G (2015) [accessed 12 June 2018] Goals Research Summary, *Dominican University of California* [Online] https://www.dominican.edu/academics/lae/undergraduate-programs/psych/faculty/assets-gail-matthews/researchsummary2.pdf

McKeown, M (2014) *The Innovation Book: How to manage ideas and execution for outstanding results*, FT Publishing, Harlow

Murphy, M (2010) [accessed 12 June 2018] The Gender Gap and Goal-Setting: AResearch Study, *Leadership IQ* [Online] https://www.leadershipiq.com/blogs/leadershipiq/the-gender-gap-and-goal-setting-a-research-study

O'Neill, R (2009) [accessed 13 June 2018] Quitting Day Jobs to Make Smoothies, *Financial Times*, 10 April [Online] https://www.ft.com/content/a6b255be-25e7-11de-be57-00144feabdc0

Patterson, F *et al* (2009) [accessed 8 June 2018] Everyday Innovation: How to Enhance Innovative Working in Employees and Organisations, *Nesta* [Online] https://media.nesta.org.uk/documents/everyday_innovation.pdf

Rauch, A and Frese, M (2007) Let's put the person back into entrepreneurship research: A meta-analysis on the relationship between business owners' personality traits, business creation and success, *European Journal of Work and Organizational Psychology*, 16 (4), pp 353–85

Whitson, JA *et al* (2013) The blind leading: Power reduces awareness of constraints, *Journal of Experimental Social Psychology*, 49 (3), pp 579–82

第三部分
结束只是新的开始

11　决心"以不一样的方式思考"

12　创意领导力

11 决心"以不一样的方式思考"

下决心这件事只有两个选择，要么做，要么不做。没有所谓的中间地带。

——帕特·莱利（Pat Riley），
职业篮球总经理/前教练员、运动员

第三部分　结束只是新的开始

信息汇总

嘿，祝贺你！你快成功了！我们已经来到了本书最后一部分。在 01 章，我们使用"决策雷达"去了解自己的思维现状，找出可以改善的部分。之后，我们探讨了常见的思维偏见和误区，看看大脑中存在哪些错误的指令以及它们如何扰乱思维。接着，我们开始了寻找解决方案的旅程，一路上我们定义挑战，走出舒适区，研究我们的想法，最后执行最佳决策（见图 11-1）。

即使你没有系统地通读全书，只是浏览了对你来说最重要的那几章，你也会收获到新的知识和见解，使你成为更好、更具创意的决策者。现在，差不多该利用"决策雷达"再次检验你的思维，评估你"新获得"以及"改进的"技能。但首先，你需要稍微了解一下推理。

什么是推理？

创新需要良好的战略性决策，即想法要经过提出、讨论、发展之后，才最终实施面世。"解决方案探测器"以正确的顺序集合了"理解""构思""分析"和"行动方向"这四个关键步骤，让我们可以确保自己的思维与正在进行的任务密切相关。然而，连接这四个步骤作为其支撑基础的，则是"推理"，是推理让我们把自己变成**积极主动**的思考者，有意识

地集中精力解决问题。推理让我们考虑自己思考的方式，而不仅仅是思考的内容（又叫作元认知）。我们大多数人对每一种思维类型都很熟悉，但创意成功的关键在于会在正确的时候使用正确的思维类型。这能够控制我们在面对挑战时用更全面的方式解决问题，减少无用的偏见。良好推理的次数越多，就越能够成为我们的一个积极的习惯。

关于推理，这其中并没有什么突破性的方面。本书讨论的很多内容似乎都是常识。但常识往往并不寻常，大部分人不会在创意思维"卡住"的时候花大量的时间整理自己的思维。其实只需一点点的努力，就可以打破不良的思维方式和导致不良思维方式的行为障碍。有时候，最简单、最"明显"的事情是最难付诸实践的，但你做得越多，这些事情就会变得越简单，你就越能通过直觉感知它们。

推理检查清单：要做的事和不做的事

当你能积极主动地思考自己的思维方式，就为一切情况做好了充足的准备。你希望更客观地思考，更有创意地探索，更高效地规划。带着这些目的，你可以参考推理检查清单，整理好你的思维。一旦开启良好的推理模式，你和你的团队就能以更好的状态为创新工作创造最佳的条件。久而久之，你在处理日常事务的过程中就会更容易达到平衡和协调，更好地调动创造力、分析能力和选择能力。你可以在 www.thinking.space 下载这个推理检查清单。

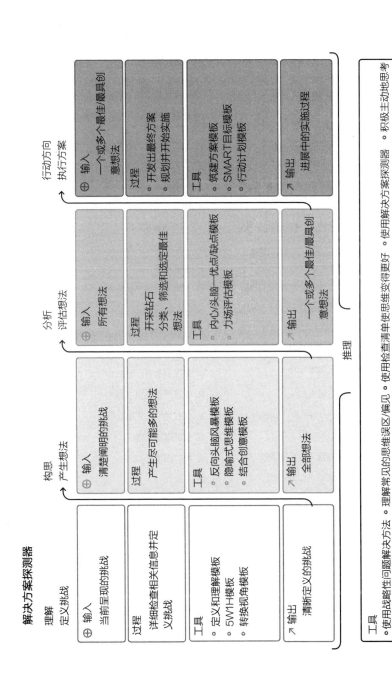

图11-1 解决方案探测器矩阵

推理检查清单：要做的事和不要做的事

要做的事

- 保持客观，保持思维开放
- 研究元认知，在思维背后制定策略
- 寻找驳斥想法的证据
- 与他人分享自己的想法
- 小心自我形象的影响，问问自己想取悦什么人
- 注意自己在使用什么信息
- 知道自己表达问题的方式会相应地使解决方案发生改变
- 要自信，但不要过度自信
- 在决策过程的早期听从自己的直觉
- 使用逆向和正向思维技巧
- 在适当的时候打破规则
- 避免受到来自"团体"或"多数人"的压力
- 注意不同类型的偏见带来的影响
- 知道常识并不寻常
- 接受不完美
- 大胆地往"大"处想，但要把它分解成小步骤来实现

不要做的事

- 太早下结论
- 忽略自己的情感
- 有选择性地寻找目标
- 因为符合自我利益而做出选择
- 受确认偏误影响
- 避免冲突或分歧
- 害怕失败
- 受困于错误的限制条件
- 对判断过分乐观
- 让推断和假设主宰重大决策
- 没有验证就跟着感觉走
- 还没思考清楚就立即行动
- 极其严肃并受困其中
- 忽视常见的思维误区
- 永远遵守规则
- 存在偏见盲点

图 11-2　推理：要做的事和不做的事

第三部分　结束只是新的开始

第 2 次决策雷达

你已经收获了满满的新知识，并且利用本书的策略进行了实操，是时候登录 https：//decisionradar. opengenius. com/再次完成"决策雷达"测试，贯彻学习内容了。我们推荐你再次完成完整的测试，获得更准确的分析结果。但如果你的时间比较紧张，也可以选择完成 10 分钟的快速测试，获得一般性评价。

查看新的测试结果。你注意到了什么？你提升了哪些方面？又有哪些方面仍需注意？绿色表示情况良好，所以你的目标就是让所有单项的得分都到达绿色区域（外环）。完成这个目标需要时间。通常情况下，当人们弥补了某方面的偏差之后，反过来又会导致另一方面的不足。要做到良好的推理，你需要让各项分数达到平衡。

花些时间回顾并思考：

- 总体而言，你学到了什么？写下与你的进步相关的关键知识和经验，以及由此产生的独特规律。
- 你擅长什么？写下你可以进一步发挥优势的做法。
- 你还需要提高哪些方面？写下你可以提高技能、克服盲点的做法。
- 现在可以落实的是哪些方面？创意决策是一项大工程，需要各种各样的技能组合。不要给自己太大压力，逼自己马上做好一切。你应该从自己最感兴趣的或者最能让自己的角色、事业或企业发

生变化的方面入手。

再次使用"决策雷达"的时候,结果很可能是你的决策能力更强、更平衡了。利用这个机会回顾你学到的东西和提升的技能,能够提高自我意识和信心。同时,这也是让你重新探索自己需要在哪些方面更加努力的绝佳机会。

记录好你的分数和完成测试的日期。为了让创意投资收获更好的回报,你可能需要定期做一下雷达测试,比如每季度开始时做一次,或者每完成一次大型挑战之后做一次。定期测试可以让你观察到,随着对创意过程的理解和实践更加丰富,自己的决策能力有怎样的提升。例如,努力提高某一方面是否也有助于加强另一方面的表现?

决策雷达可以有两方面作用。

对个人:找出可以改进的方面,以此为基础开展指导性对话,制定目标和行动计划。

对团队/组织:大体了解团队能力。管理者和领导可以确保建立一个能力均衡的工作队伍,在决策的各个方面都具有集体优势。

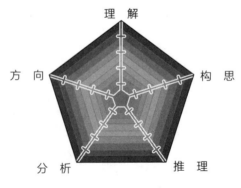

图 11-3 决策雷达

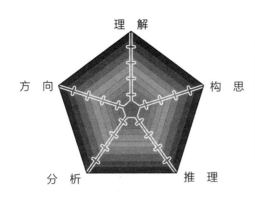

图 11-4　第 2 次决策雷达——分析示例

表明决心

如果你不花时间提升技能,那么本书介绍的技巧和策略就发挥不了多大价值。我们在应用中学到的东西最多,因此要真正成为思维的主人,你需要下定决心把有用的技能转化为行动,同时戒掉那些你不想要的行为。决策雷达以图像的形式呈现出每个人独有的思维模式,能帮助你选择恰当的策略,管理你自己以及团队平日里的思维偏见。使思维变得敏锐需要长期的努力,这在现代社会里并不是一件容易坚持的事情,因为我们要用更长时间跟快要溢出来的收件箱进行搏斗,要处理不停袭来的数据,会被通信技术的即时性压得喘不过气。我们都知道,开始做一件新事情的时候总是让人感到无比兴奋,怀着满腔热情,但结果却往往是忙到热情逐渐消失。要想让努力得到的结果更持久,你需要极其自律。正式或公开地表明你改变的决心,有助于你坚持学习和成长,把精力用在最需要的地方。

决心交通灯

怎样才能让你立下决心做一个更好的思考者？我设计了这个简单的"决心交通灯"练习，可帮助你做出承诺。对创意决策的各个方面，写下：

- 你会停止做什么？（红灯）
- 你会继续做什么？（黄灯）
- 你会开始做什么？（绿灯）

理解、构思、分析、方向以及推理方面的决心模板可在 www.thiking.space 获取。

有些人会因为现有的习惯或偏好而难以改变某个特定方面的表现：

- 构思能力很强的人很容易就能提出大量想法，但如果他们分析方面比较弱，就可能没办法评估想法，及时做出决策。

建议："解决方案探测器"等全面均衡的系统性流程可以指导你获得成功。

- 过于谨慎且分析能力强的人可能需要努力接受错误并把错误作为经验教训，避免分析瘫痪，更多地利用不同的工具对自己的创造力加强信心。

建议：记住，思维就像降落伞，只有在打开的时候才能发挥最大作用。在幻想中通往自己的潜意识吧。创造一个安全的环境，让你和你的团队有时间和空间提出疯狂的想法。使用本书的构思技巧激发更多想法。

- 具有选择性思维的人可以通过扩展构思环节和邀请他人质疑自己的想法等方式，丢掉确认偏误和"只有一个正确答案"的想法。

建议：考虑使用个人和团体头脑风暴，获得不同的视角，对抗假设。

第三部分　结束只是新的开始

- 把问题留待晚些时候解决，以及使用系统性流程（"解决方案探测器"）推迟决定，对具有反应性思维的人会有所帮助。

建议：实施一套结构完善的流程是主动式思考的关键步骤，可以尽可能地排除可能出现的思维误区。

每天、每周或每月定期记录自己的进步，保持下定决心的势头。不断提醒自己：每天的点滴努力都会在创意成长的道路上发挥重要作用。

图 11-5　推理决心

229

创意思维手册

为创意腾出时间

如今,创意比以往任何时候都要珍贵。但人们总是哀叹自己根本没有时间进行创意思考。小企业的经营管理人员常常会掉进一种时间陷阱里,觉得平日里的任务已经耗费了他们所有的精力。为创意腾出时间跟为其他事情腾出时间并没有什么不一样。如果缺乏正确的时间管理,你会很容易在错误的事情上浪费好几个小时、好几天、好几周的时间,又或者企图一次性完成所有事情而忙得团团转。更糟糕的后果是,你会在真正重要的大项目(比如下一个创新项目)上一再拖延,推迟开始的时间。正因如此,领英(LinkedIn)、3M、苹果、财捷(Intuit)等很多有远见的品牌都会给予员工空闲时间,让他们自由摸索想法,做做其他项目。

创造力被毫无意义的瞎忙活或突如其来的干扰给"赶跑"的情况不在少数。朱利安·比尔金肖(Julian Birkinshaw)和乔登·科恩(Jorden Cohen)发布于《哈佛商业评论》的研究表明,知识工作者平均花费41%的时间在个人满足感低且其他人也可胜任的随意性工作上。为什么会出现这种情况?从心理学层面来说,这是因为大脑试图通过避开艰巨的大项目,转而去做很多没什么价值的低级任务来"假装"自己很高产的样子。它狡猾地让你觉得自己很忙很忙,但实际上那个能产生重大影响的真正任务却依然没有做。

就算你已经很有创意,也有了很多让人拍案叫绝的新想法,但如果不能管理好时间,你也还是不能实现自己的想法。想要成功,就要让创意产生积极的结果,不然就只是嘴上说得好听而已。但是,怎样才能把创意发挥到极致,同时还不降低生产力呢?生活永远都会让你"忙到抓狂"。最大的收益往往来自于每一份小小的投资。同样地,一些小方法和小习惯可以让你在一切专业领域和工作中(包括创意)提升效率。以下介绍的一些策略能帮助你在创意工作中说到做到,利用你拥有的时间实现更多创新价值。

1. 集中注意力

多年来,企业都把多任务处理能力捧上神坛,受到员工尊崇。很多人都会认为,同时处理多项任务能让我们发挥更大的创意,更好地完成自己的任务。不过很可惜,科学证明这"不太可能"。哈佛商学院的特雷莎·阿马比尔(Teresa Amabile)(2002)和她的同事对超过9000人的日常工作模式进行了评估,这些人都参与了创意与创新项目。该研究的关键发现是什么呢?他们发现,专注和创意紧密相关。如果人们可以在一段不受干扰的时间里专注于一件事情,又或者只跟一个人合作,他们则更能发挥创意。相比之下,如果人们的时间被打破得支离破碎,一直要处理大量零散的任务、电子邮件、参与会议和小组讨论,他们的创意思维则会走向枯萎。

想一想,当你收到邮件或推特的通知,停下手头上的工作回复消息的时候,又或者是停下来跟同事说话的时候,其实并不只是读信息、回复信息或快速输入信息这么简单。你还必须得从干扰中找回注意力,重新专注于原来的工作。我不清楚你的情况,但对我来说,在工作中一旦被打断,特别是在进行创意任务时被打断,要重新找回注意力实在是个痛苦的过程。当你需要做重大决策的时候，如果还一直在各种想法和任务之间快速地跳来跳去，你的思维永远都不会有机会做出最好的选择。

看看你的日程安排。是不是一整天都密密麻麻地排满了一个接一个的会议和讨论？那你列出的待办事项呢？是不是写满了其实可以由别人完成的数据需求和任务？这是很多管理人员和领导者的主要问题，他们因此无法抽身去解决最需要由他们解决的那些重大问题和创新挑战。为防止受到零碎任务和其他干扰因素（如社交网络等）的影响，一个很好的方法是安排时间专门用于创新和思考。要真正发挥创意，你必须得探索思维的最深处，而只有专门腾出时间才有可能实现这一点。我喜欢在开车、坐飞机或坐火车的时候做大量的思考，因为我知道这些时候我会有一大段不被打扰的时间。不过也许你更喜欢在办公室里就能预留出这段"独处时光"。影视和喜剧演员约翰·克里斯（JohnCleese）在为"巨蟒组"⊖进行创作时，会安排90分钟左右的思考"绿洲"（安静而不受干扰的时间和空间）。结果他发现，自己的幽默短剧大都比其他喜剧创作者写得更有创意（Rawling，2016）。

> **个人研发**
>
> 在每周计划中安排"思考时间"时，把它当作是你自己跟自己开会。几乎每家公司都有研发（R&D）部门。如果你不喜欢为创意或思考腾出时间，也可以把它看作是属于自己的研发时间。在周四下午专门预留两个小时搞点研发，听起来还不错。

⊖ 译者注：巨蟒组，英国六人喜剧团体，其无厘头搞笑风格在二十世纪七八十年代影响甚大。

> 你应该把全部注意力集中在手头的工作上。阳光只有聚焦到一点，才能燃起火焰。
>
> ——亚历山大·格拉汉姆·贝尔（Alexander Graham Bell），
> 科学家、电话发明者

好日子/坏日子

找到每周最能集中精神的"好日子"和难以专注的"坏日子"，并据此安排自己的思考时间，这是集中注意力的一个好方法。根据人力资源公司罗致恒富（Accountemps）的调查报告（2013），目前为止，美国高管认为周二是员工最具生产力的一天。周一通常是周末之后"追赶进度"的一天，大部分计划好的会议都会在周一召开。周三、周四的生产力仅次于周二，而周五的生产力则是最低的，因为周末即将到来。这个调查结果跟你的情况相符吗？对你来说，思考的好日子、坏日子和最佳日子又分别是哪几天呢？

发挥创意的最佳时刻

你是否知道自己在工作日中的最佳创意时刻？《时代周刊》（2006）的一篇文章认为，这个时刻取决于你属于早起者还是夜猫子。

早起者：

表 11-1 早起者的思维时钟

时间	活动	说明
早上 6:00 ~ 早上 8:00	创意	早上醒来的时候是早起者的创意巅峰时刻，这时不容易分心，而且内在的批判声还处于睡眠状态

（续）

时间	活动	说明
早上 8:00 ~中午 12:30	问题解决	大脑已经热身完毕，为分析性问题解决活动做好了准备
中午 12:30 ~下午 2:30	低专注力	刚进入下午的这个时间段，人体生物钟从高潮期过渡到低潮期，专注力下降，此时最好做一些常规任务
下午 2:30 ~下午 4:30	问题解决	分析性思考的另一个黄金时间
下午 4:30 ~晚上 8:00	恢复期	在休息、练习和健脑活动（如阅读、解谜）中恢复思维活力
提示		最好把预约和会议安排在下午，把早上的时间留给工作记忆和高阶思维

夜猫子：

表 11-2 夜猫子的思维时钟

时间	活动	说明
早上 8:00 ~早上 10:00	低专注力	夜猫子挣扎着醒来的时间，不宜集中精力完成繁重的任务
早上 10:00 ~中午 12:00	创意	摆脱了早上昏昏沉沉的状态，创意之窗打开
中午 12:00 ~下午 1:00	问题解决	分析和记忆的黄金时间
下午 1:00 ~下午 3:00	低专注力	下午思维进入呆滞期，适合从事不太紧张的工作或跟其他同事合作
下午 3:00 ~下午 6:00	恢复期	通过练习或冥想恢复和补充精力，做一些阅读和简单的智力题，保持头脑灵敏
下午 6:00 ~晚上 11:00	问题解决	这个时间段不太容易分心，准备好把注意力集中在重要的事情上

不论你是早起者还是夜猫子，请仔细观察自己的日常状态，找到发挥创意的最佳时间。如果你发现自己在下午可以提出更多见解，思维更加开阔，那就在午饭后预留一个小时的"创意时光"，确保你的团队知道你正处在聚精会神的构思环节，并关掉邮件和网页，把电话转接到语音信箱，这样任何人都不能打扰你了。这段私人时间过后，你可以尽情地处理邮件，浏览社交网络，追赶同事的进度，而不用有罪恶感，因为你并没有忽略你的创意工作。

2. 切分任务

在任何创新项目中，你既要完成创意性工作，又要完成生产性工作。比如说，头脑风暴和布局设计就属于创意性工作，而校对和发布网页则更偏向于生产性工作（DropTask，2016）。为了让项目更加便于管理，你可以把它切分成一个个小任务，看看哪些更适合用生产力解决，哪些更适合用创造力解决。

切分任务让人在心理上觉得任务更容易处理。制定每日计划时，尽量把同类型的工作放在一起依次完成，可以减少令人不悦的"重启"时间。确保把处理常规任务的时间和处理创意任务的时间分开，这样在发挥创意的时候就可以让想象力不受干扰地自由翱翔。

执行"解决任务探测器"中的流程时，把任务切分成一个个"迷你"环节，让大家在各环节的间隙有休息的时间（这非常重要），在休息过程中加强和酝酿想法。比如说，你可以把每一步都分解成 4 天以上完成，而不要挤在一天之内做完。为了防止精力直线下降，请频繁地进行休息，并且每次休息之后都"换换频道"，让大家的思维得以"重启"，不断锻炼新技能

或探索新阶段。记得切分得短一些——四个 30 分钟的小环节比一个贯穿 120 分钟的大环节更好。切分法让人在心理上具有满足感，因为你能在过程中很快尝到一个又一个的"甜头"，始终热情饱满，一步一步向前迈进。

> **活动　休息中的"数城市"**
>
> 　　用 1 分钟的时间，看看你能想出多少个以字母 M 开头的主要城市名，至少说出 7 个。
> 　　这应该不太难。世界上有很多城市名的英语单词都是以这个字母开头的。
> 　　你想到了哪些城市？
> 　　你有没有发现，想出 7 个城市之后，你的头脑开始枯竭？
> 　　现在先停下来，等到第二天早上再继续思考这个问题。我敢保证，你第二天醒来时又能说出另外 7 个以字母 M 开头的城市名。这是因为，离开问题稍作休息，可以激发你的潜意识开始思考这个问题。你在有意识地思考问题的时候，其实在脑海里种下了一颗种子。然后，在你往后退的时候，这颗种子会继续生根发芽，在你的大脑中建立越来越多的联系。不妨试试看。

3. 有目的地幻想

　　大部分人认为，幻想相当于游手好闲——在本该工作时偷懒，才会做白日梦。但我坚定地认为，幻想是你能获取的最有意义的创意工具之一，而且还是完全免费的。你那些最具创意、最不寻常的想法是长时间坐在电脑前逼出来的呢，还是在你散步、开车、洗澡过程中或半夜醒来时跑出来的呢？其实，不是你一个人这样，我们所有人都会这样。灵感好像总是在

第三部分　结束只是新的开始

我们关闭"思考模式"和"工作模式"时不经意间冒出来。世界上很多伟大的头脑都是在简单的幻想中到达了真正的光辉时刻。以下列出的只是一小部分：

- 牛顿和他对地心引力的发现，以及他的轨道运动理论；
- 爱迪生和他数不尽的发明（包括电灯泡）；
- 爱因斯坦和他的相对论；
- 莫扎特和他在音乐上的传世之作。

爱因斯坦直言不讳地表达了对幻想的热爱——他把它称作"**思维实验**"，甚至还把自己最杰出的成就归功于这些给予他灵感的"实验"。据说，他是通过想象自己坐在一束光上穿梭宇宙而提出了相对论。对于如何利用幻想的力量，爱迪生有他自己的独门方式。他会坐在一张舒服的椅子上打盹儿，两只手里都握着滚珠轴承。等他放松到睡着的时候，双手松开，滚珠轴承就会掉在地上叫醒他。醒来之后，爱迪生会立刻记下想到的所有点子（Glliard，未注明日期）。而杰出的奥地利作曲家莫扎特会在乡村一边散步，一边做关于音乐的白日梦，走很久很久，幻想中的声音成了他伟大创作的灵感来源（Fries，2009）。

我们都可以像爱因斯坦或莫扎特一样，在思维实验或幻想中发现灵感。创意思维往往受到我们在现实生活中习以为常的事物的影响。幻想的美妙之处在于，它允许我们离开自己习惯的现实世界，得以产生更加独特和迷人的想法。我经常是努力了好几个小时甚至好几天都不能解决一个问题。每当这时，我就知道我不能再这么强行逼自己找答案，而是要想办法休息和放松，让大脑放空。果然，创意解决方案很快就会在我最意想不到的时候不知道从哪里冒了出来。

如何让幻想"发挥作用"

每当我想向人们介绍幻想的好处时,总会听到类似的声音:"如果幻想这么有效,那为什么我没有源源不断地想出好点子?我可是经常望向窗外呢!"对此,我的回答很简单:跟所有优秀的创意技巧一样,成功的幻想也离不开焦点、目标和深思熟虑。我们通常都是在毫无准备,心中完全没有目标的情况下开始幻想,但创意幻想并不只是简单的放松休息、消极被动、把问题搁置在脑中而已。利用幻想作为创意工具,关键是要预先做好准备工作,始终知道自己想要达到什么目标。

幻想的科学

人们通常难以接受在工作中做白日梦,认为这是一种浪费时间和自我放纵。但是时代在变化,大家对幻想作为创意工具的呼声也越来越高。经科学家多年研究发现,人的大脑有两个分开的系统模式——执行模式和默认模式。在主动进行创意工作、解决高阶问题、完成重要任务、学习新事物的时候,我们处于"专注的"执行模式(见上文"集中注意力"部分)。在我们休息放松、摆弄花草、乱涂乱画或者散步的时候,大脑则会进入"散漫的"默认模式。这时我们并没有真的在控制自己的思维方向,我们的大脑会开始思索过去或未来。在这种游离的思维状态之下,我们开始想象,自发地建立联系或产生想法。

不列颠哥伦比亚大学的卡琳娜·克里斯托夫(Kalina Christoff)和她的同事(2009)在此基础上进一步研究发现,在幻想时激活的大脑区域比有意识地积极思考时激活的大脑区域更多。研究人员发现,人在幻想的时候不只是开启默认模式,执行模式也同时参与其中。在这之前,科学家认为两个模式的网络不会同时运作——一个网络激活的时候,另一个应该处于休眠状态。

> 但事实证明——幻想能让大脑飞速运转！幻想时的大脑非但没有一片空白，反而处于最忙碌、最能发挥创意的状态。下一次你为棘手的问题焦头烂额的时候，不妨分散一下注意力，给大脑一点"休息时间"，让它在你最不经意的时候施展魔力。

第1步，做功课。 不论你是一个人还是跟团队在一起，认真考虑你的问题，查阅一切相关信息，使用积极的（有意识的）创意技巧（如重新定义问题、质疑假设、反向头脑风暴等）探索所有可能的解决方案。这实际上是在思维深处下达指令，制定计划，让潜意识有很多事可做。使用隐喻解决问题的时候，就是进入了有效的幻想状态。本书的画布模板等工具能帮助你/你的团队进入不一样的思维状态，而你们甚至还没有意识到自己的思维状态已经发生改变。

第2步，关闭注意力。 做好准备工作后，用30到60分钟做些其他事情，甩掉问题带给你的压力，有意识地把问题交给活跃的潜意识，然后到外面走走，或者做点轻松有趣的事情。让思维独自游荡，给所有信息"酝酿"的时间。鼓励团队成员也这样做——让他们换个环境，例如去咖啡店，或者找一个安静的地方带着问题自由幻想。

这一步能使你彻底放飞潜意识，让它在随意游荡中产生成果，随意思考概念，提出新的见解和想法——这些看法是你直面挑战时永远不会想到的。给思维以自由活动的空间，它就会帮你完成创意想象的工作。

在你卡住或者面临太多选项的时候，这种有目的的幻想能很好地推进项目。进入正确的幻想思维模式有很多不同的方法：

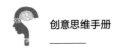

- 在公园或街区里散步，让头脑保持清醒
- 听音乐
- 坐在某个地方的长凳上
- 参观博物馆或美术馆
- 泡澡或者冲凉
- 骑自行车或开车兜风
- 在花园里干干活儿
- 去咖啡厅
- 乱涂乱画
- 钓鱼
- 跑跑腿，打打杂
- 冥想
- 早上或夜晚醒着躺在那里
- 清理桌面，或者洗干净办公室的杯子（是的，这样也行）

我喜欢在出行的时候，在火车上、飞机上或汽车里让"思维游荡"。有些人更喜欢在闲逛的时候开小差。比如说，查尔斯·达尔文（Charles Darwin）喜欢在伦敦周边长时间散步。发明家托马斯·爱迪生（Thomas Edison）几乎每天都会在码头边钓鱼一个小时，虽然他并不擅长钓鱼，而且，他连鱼饵也不用。后来他被问到的时候，承认自己并不是真的要钓鱼。他的回答是，"因为不用鱼饵钓鱼的时候，你既不会被人打扰，也不会被鱼打扰。这是我思考的最佳时间"（Kothari，2016）。

对爱迪生来说，钓鱼是最有效的方法。你也应该多做尝试，看看什么方式最适合你。记住，每次想到任何点子，都要立刻写在纸上或者用手机

/录音机记下来——这真的很重要。想出一个绝妙的点子却又马上忘掉，那滋味可不好受！

利用你的感觉（正念）

创意思维要求我们刻意转换到一个新的地带。要为激发想法创造适宜的思维环境，**正念**是一个很好的技巧。正念的艺术指的是不加评判地认真觉察当下的细节。不要因为这听起来又"玄"又不靠谱就被吓跑。研究表明，正念冥想可以刺激发散式思维，打开你的思路，产生原创想法（Colzato 等人，2012），还能增强对创意过程至关重要的认知灵活性（Baas 等人，2014）。正念能帮助你提高内在敏感度和觉知，让你张开双手迎接想法中哪怕是很微小的建议。如果你在家或在办公室里面对难题苦苦挣扎，不妨暂时不管这个问题，出去走走，最好走进大自然。又或者在安静的房间里坐 5 分钟，想着"正念"。翻一翻达·芬奇的书，利用你的各种感觉让体验更加丰富和迷人。像艺术家那样观察周围的一切，像音乐家那样倾听各种的声音，像雕塑家那样感受各种触感，像调香师那样闻闻各种气味，像厨师那样品尝各种的味道。这个练习能在短短 20 秒内提高你的觉知和专注力，让你更加清楚细致地观察自己的状况。拿出笔记本记下你注意到的所有事物，并把这些事物跟你的挑战联系起来，看看激发了哪些新想法？你想到了哪些新联系？这个问题真的是个问题吗？如果不是，看看是否需要重新进行定义。随着你不断训练自己去察觉所听、所见、所感、所想，你就能把更多的数据转移到潜意识思维系统当中。结果呢？你自然会产生更多的联系和想法。

对于最伟大的天才而言，有时候做得越少，成就越大。

——列奥纳多·达·芬奇（Leonardo da Vinci），
意大利文艺复兴时期艺术家、科学家、工程师、全能天才

关键要点

使用本书介绍的知识和工具，下决心探索、提升和保持创新思考的能力。只有拥有良好的推理技巧，你才能发现自己的认知偏差。只有保持觉知，你才能克服这些偏差，做出更好的决策。进行健康的时间管理，正确认识休息和幻想的作用，可以帮助你和你的团队把创意注入日常工作当中。

- **推理检查清单**。解决问题时使用更多策略。参考清单中详细列出的要做的事和不做的事，保持客观。
- **第2次决策雷达**。再次完成"决策雷达"测试，看看你学习本书之后取得了怎样的进步。利用这个机会，回顾学到的内容和提升了的技能，重新审视你想进一步改善的方面。
- **决心交通灯**。郑重地下决心做出积极改变，避免拖延。对决策的每个方面，都想一想你会停止做什么（红灯）、继续做什么（黄灯）和开始做什么（绿灯）。
- **没有时间发挥创意?** 那就把时间挤出来！你的大脑天生就有解决问题的能力。发掘大脑的执行模式（专注）和默认模式（散漫）的力量，应对复杂的挑战：

  在忙碌的工作日程中，为集中精力思考预留出一段安静而不被打扰的时间。

  放慢脚步，有目的地进行幻想，关闭你的显意识，让新想法在不经意间冒出来。效仿达·芬奇，运用你的各种感觉。使用正念觉察你看到的、听到的、尝到的、闻到的和感受到的一切。你的思维和身体都放松的时候，就能幻想出更生动的画面，激发想象力，产生更好的思考成果。记得赶紧写下你想到的点子！

参考文献

Accountemps (2013) [accessed 10 July 2018] Workplace Productivity Peaks on Tuesday, *Robert Half*, 16 December [Online] http://rh-us.mediaroom.com/2013-12-16-Workplace-Productivity-Peaks-On-Tuesday

Amabile, TM *et al* (2002) Time Pressure and Creativity in Organizations: A Longitudinal Field Study, Harvard Business School Working Paper No. 02-073

Baas, M, Nevicka, B and Ten Velden, FS (2014) Specific mindfulness skills differentially predict creative performance, *Personality and Social Psychology Bulletin*, 40 (9), pp 1092–106

Birkinshaw, J and Cohen, J (2013) [accessed 5 July 2018] Make Time for the Work That Matters, *Harvard Business Review*, September [Online] https://hbr.org/2013/09/make-time-for-the-work-that-matters

Christoff, K *et al* (2009) Experience sampling during fMRI reveals default network and executive system contributions to mind wandering, *Proceedings of the National Academy of Sciences of the United States of America*, 106 (21), pp 8719–24

Colzato, LS, Ozturk, A and Hommel, B (2012) Meditate to create: the impact of focused-attention and open-monitoring training on convergent and divergent thinking, *Frontiers in Psychology*, 18 (3), p 116

DropTask (2016) [accessed 11 July 2018] Productivity vs. Creativity [Blog], 8 June [Online] http://blog.droptask.com/productivity-vs-creativity/

Fries, A (2009) *Daydreams at Work: Wake up your creative powers*, Capital Books, Herndon, VA

Gilliard, M (nd) [accessed 13 July 2018] Thomas Alva Edison, *Innovation-Creativity.com* [Online] https://www.innovation-creativity.com/thomas-alva-edison.html

Kothari, A (2016) *Genius Biographies*, Notion Press, Chennai

Rawling, S (2016) *Be Creative-Now!*, Pearson, Harlow

TIME (2006) [accessed 11 July 2018] Making the Most of Your Day, 16 January [Online] http://content.time.com/time/covers/20060116/pdf/Day_Night.pdf

创意领导力

领导力是一门艺术,它为人们施展有用的想法提供平台。

——赛斯·高汀(Seth Godin),
美国作家、前网络公司主管

创新是核心领导力技能

无论是大公司还是小公司，年轻公司还是老牌公司，所有公司都必须想办法在其内部激发和培育创意。如果不能保持健康稳定的创意供应，大部分组织的"保质期"将会非常短暂。这不是在开玩笑，与时俱进的压力一直都在，因此创新是领导层工作的重中之重。不同企业的创新方式不尽相同，但终极目标都是激励人们共同提出新想法，解决问题。是人使得改变成为可能，因此，作为一名优秀的领导者，你的成功与否取决于你是否建立了良好的创新文化，让企业里的每一个人，不论是人力资源部的小张，还是会计部的老罗，都参与到创新过程当中。

创新不仅仅是指那些颠覆性的产品、服务或技术，任何一个能让你把事情做得更好的新想法都可以称之为创新。比如，通过更高效的生产方法降低成本、用创新的方式提升品牌价值、决定每个部门的具体职责，等等。持续改善（Kaizen）和颠覆同样重要。创意领导力意味着让人们在日常工作中能够欢乐而大胆，时刻渴望创意，并努力寻找解决方案。这样，公司的所有成员都可以朝着共同的目标快速前进。使用"解决方案探测器"等正确的工具和流程确实非常重要，但如果没有一个支持创新的整体文化或环境，创新就无法充分发挥其全部潜力。你的团队只有你一个人？你也不是CEO？没关系，你依然可以在你的部门里、在与其他部门

同事的合作中或者在你的影响范围内担任创造性领导者的角色。从实际角度出发，为创新"摇旗呐喊"意味着：

- **倡导宏大的使命和愿景。**有能力为企业设定有意义的方向，对方向的描述应该是鼓舞人心的，而不是充斥着居高临下的陈词滥调。
- **在成功和失败中都有所发现。**允许冒险和实验，给予创意充分的空间。每一次失败都是学习的机会，让未来的决定收获更好的结果。
- **重点营造轻松有乐趣的气氛。**在工作中注入乐趣，是激发创意的关键法宝。玩乐越多，人们就越能接受它属于企业的文化规范。
- **做乐观的源泉。**让大家对变革的态度从敌对变为期待，维持乐观进取的精神状态。始终乐观的领导者面对任何事情都能看到其积极的意义，克服不良情绪，推动团队不断前进。
- **引进支持系统，允许实验。**在正式的组织结构基础上补充非正式系统和网络，让不同的部门和单位能够共享信息，互相交流想法。

终点

创意领导力的最大挑战在于激发员工积极性，让他们自己希望参与到创新过程当中。很多人都觉得自己没有创意，或者不觉得创新是自己的工作职责。说实话，现有的很多组织制度都在扼杀创意，而不是激发创意。激励员工专注于积极变革的一个有效方法是把工作与更高的意义联系起来,也就是对于整个企业或某个具体的创新项目来说,有什么特别的使命和宏大的愿景。使命是你现在正在做的事情,而愿景则是你对未来的抱负。

1. 做有意义的事(使命)

你为什么会做正在做的这些事?这些事情最重要的目的是什么?这个目的应该不只是钱,它应该具有人们可以拥抱、分享和相信的意义。根据美国运通(2017)的调查,在美国、英国、法国和德国的千禧一代中,有62%希望为世界带来积极改变,有74%相信未来的成功企业具有真正能引起人们共鸣的使命感。该调查结果具有宝贵的参考价值,告诉了创意领导者应如何长期维持员工积极性。他们应该使员工信服,在这里工作可以为每个人带来意义和价值,这是一份值得打拼的事业,除了工作本身的外部报酬外,还收获到更高的价值。

意义明确的使命代表着组织/团队的精神,可以产生动力。比如,乐高(2012)的使命是"启发和培养未来的拼搭者",谷歌的则是"整合全球信息,使人人皆可访问并从中受益"。你们独有的使命相当于一个精神支柱,让员工为符合公司目标和价值的任务和活动贡献自己的创意力量。作为一个团队,请探索你们的优势、价值和热情所在,找到存在的原因和意义(Mühlfeit 和 Costi,2017):

- **优势。**作为一个团队/公司,你们的优势是什么?你们有哪些专属的超级强项?思考一下你们在产品、服务、人才或资源方面的优势。你们是工程大师吗?还是机智的销售团队?又或者,像英国

零售巨头乐购（Tesco）那样，你们通过自己的产品为顾客创造价值？

- **价值**。你们团队/公司的价值是什么？价值是你所代表的原则、理念和正面动机，能帮助你跟顾客和员工建立深度联系。要获得核心价值，你可以问问你的团队："什么对我们来说是重要的？"并关注他们使用的语言，你们更看重"享乐"，还是更追求速度、多样性、诚信、团队合作或企业家精神？再想想你们的公众形象。人们看向你们的公司时，你希望他们看到什么？对福特来说，正如其曾在广告中强调的那样，"质量是第一要务"（Petersen，2007）。维珍的根本理念则包括永不满足的好奇心、真心实意的服务和明智的颠覆性变革。

- **热情**。作为一个团队/公司，你们对什么抱有热情？想想你最初参与工作的原因，是什么点燃了你的兴趣，让你开创或加入这家公司？你的热情能够告诉人们为什么要与你合作；别人可以看见和感受得到你的热情，因为它是具有感染力的东西，能为品牌赋予生命。你热衷于建立"帝国"，还是推动可持续发展、创新或休闲娱乐，又或是满足人们的需求？找到公司前进的驱动力，拥抱这份热情。

2. "打动"人们（愿景）

成功是什么样子的？你三年后、五年后或十年后想变成怎样？如果团队都不知道自己通往何方，你又怎么能期待他们参与创新？清楚了解过去和现在之后，创意领导者会为未来描绘一幅鼓舞人心的独特画面，激励大家追随愿景。愿景给人的感觉是所有人都在同一个旅程或冒险之中。你不应只着眼于股东价值或利润最大化等财务指标，这不足给人每天起床抓紧时间努力的动力。提出让人记忆深刻的愿景，提出大胆的愿景。3M公司（2018）的愿景是"以科技举百业，以产品兴万家，以创新利个人"。亚马逊则致力于"成为地球上最以客户为中心的公司，让他们在网上买到一切想买的东西"。"如果……会怎样"是很好的启发性问题，能帮助你发现自己究竟希望创新在公司里发挥怎样的作用。例如，"如果我们有100万英镑实施解决方案会怎样"，或者"如果我们舍弃现有的商业模式会怎样"。

追求更好的未来总是伴随着改变——如果你能鼓励人们使用自己的创造力开辟前面的道路，他们会更愿意接受挑战。但如果你的愿景不够清晰易懂，人们不会参与其中。领导者需要清楚说明，故步自封会带来更大的风险，而没有愿景的组织注定停滞不前。

3. 制定战略

使命和愿景是战略计划和目标的起点。你已经有了定义你的工作和"为什么"存在的内在使命，也有了代表你的意图和去往"哪里"的外在愿景。它们加起来共同帮助你分清工作的主次，制定战略完成目标。邀请其他人共同确定最后阶段的细节以及如何达成目标的指导方针。战略一旦制定完成，你和你的团队成员便可以集中精力实现愿景和使命，不再需要不停地思考下一步应该做什么。

> **案例研究　长寿企业**
>
> 为什么这么多公司成立不久就"英年早逝"？荷兰皇家壳牌集团公司董事阿里·德赫斯（Arie de Grus, 1999）对杜邦、三井、西门子等生命周期比大多数公司更长的公司（100 到 700 年）进行了研究。其研究团队发现，长盛不衰的企业都是由人组成的鲜活社区，社区里的每个人受清楚的价值观和强烈的认同感所联结，不会只关注账本底线。即便是最多元的企业，员工也能感觉到自己是整体的一分子。除此之外，长寿的企业也非常善于"变革管理"（de Grus, 1997）。它们对实验十分宽容，为创新和学习创造了更多空间。与"长寿企业"相反，"经济型企业"只为赚钱而存在。你是为了利润还是人而努力？如果选择前者，你的企业大概活不过下一个十年。

失败和学习的自由

我们都知道商业世界既有玫瑰，也有荆棘，你在追求成功的路上，一定免不了不时摔跤。就是这样的——所有创新者都会告诉你同样的道理。创意之花在冒险和实验中绽放，这其中充满风险。欣然接受风险，敢于尝试可能招致错误的选择，并不是件容易的事。不仅是因为实施新想法会让人伤透脑筋，而且创新过程会分散人们的注意力，影响日常工作和"常规"活动。

第三部分 结束只是新的开始

> 如果你没有不时失败一下,这就表示你做的事不怎么创新。
>
> ——伍迪·艾伦(Woody Allen),美国电影编剧、导演

1. "未知"是个大坏蛋

在企业层面,人们对未知的恐惧极其普遍。大公司的蓬勃发展建立在可预测的结果之上,它们需要对未来进行可靠的预测,以做出最优的战略决策,而问题就出在这里。CEO们可以很快否决新鲜的想法,仅仅是因为这可能让企业通往未知的方向。没什么人愿意舍弃20世纪90年代开始就行之有效的商业模式或策略而去尝试新方法,"如果没坏,那就别修"。大多数公司仍然在不切实际地寻找创意中的"神器"——既让人耳目一新,又给人一种经过测试和验证的安心感,这根本不可能。新想法总是有风险的,会带你去到从前未至之处。说来也怪,一个人越成功,对未知的恐惧就越严重。你的成就越大,地位越高,就越可能因犯错而失败。

2. 从失败中学习

虽然我们讨厌失败,但恰恰是犯过的错误教会我们最多。最受景仰的人和组织通常都敢于冒险,犯错之后重整旗鼓继续尝试。皮克斯动画工作室如今大获成功,但它也承认,在成功推出首部动画长片《玩具总动员》之前,公司经历了16年的尝试和屡次失败,这些尝试包括了从计算机生产转向商业动画片制作的重大转变。辉瑞公司(Pfizer)最开始测试了一种治疗高血压和心绞痛的新药物,但测试结果显示这种药物的有效性远低

于研究人员预期。但有意思的转折出现了,临床试验报告显示,该药物对男性受试者有特殊的副作用。辉瑞公司没有放弃这种药,而是改变策略,推出了号称为"特效药"的万艾可。比尔·盖茨和与他共同创办微软的保罗·艾伦(Paul Allen)最开始发明的是Traf-O-Data 8008——一个可以把交通录像中的信息转化成有用数据的设备。这个设备并没有取得成功,但是,回顾当初的经历时,艾伦(2014)的心态十分积极:"尽管Traf-O-Data没有取得巨大的成功,但它为我们几年后制作出微软的第一款产品打下了极其重要的基础。"

对这些创新者而言,失败是垫脚石而非绊脚石,帮助他们开拓了自己独特的道路。如果我们都能这样看待失败,一定会受益良多。如果只顾着关注怎样才能一次成功,就会错过创意路上那些好玩而充满想象力的时刻,我们不会花时间重新定义问题,寻找更多答案,质疑假设,改变视角或测试不同的想法。以上做法都可能使我们犯错,但这些错误也很可能把我们的思维带到全新的领域。我们能做的最好的事情就是从错误中学习,但要从错误中学习,我们首先要给自己犯错的自由。你允许自己犯错吗?你对团队犯错的容忍度有多高?作为领导者,你要学会看到失败的积极面:

(1) 失败表明你正在偏离惯常路线。你在突破界限,这是一件好事。

(2) 某件事情失败了,说明这个方法行不通。我们在"试错"(trial and error)中学习,而不是在"试对"中学习!重要的是要反思在失败中总结的经验教训,以免下次再犯同样的错误。

(3) 每次失败都给你尝试新方法的机会。

3. 如何管理错误

在推进创意的过程中，犯错既无可避免又十分必要，但我们怎样才能管理错误？为了让它更容易被消化，可以在组织里为失败起个别的名字。比如，四季酒店及度假酒店不会为什么东西贴上"失败"或"错误"的标签，而选择使用"故障"一词（Gower，2015）。在各个部门每天都会举行的"故障汇报会"上，团队成员共同讨论前一天的工作事故，探讨如何找回正确的方向，尽可能达到最佳结果。"失败"或"错误"听上去给人一种终结感，似乎结果已经不可更改，而"故障"则是一次发现改善空间的机会。

以创造"无责备"文化为目标，为团队赋权。显然，某些行业的容错率会比其他行业更低，如医药行业，但赋权仍然能作为一个有力的工具，帮助人们找到打破常规的工作方法。在皮克斯、亚马逊、戴森、谷歌等先进企业里，对失败的接受都是其品牌文化的关键组成部分。在皮克斯动画工作室，员工们知道自己可以失败，而且不用害怕会丢工作或丢脸。皮克斯的领导者都很珍惜这样的公司文化。其联合创始人及主席艾德·卡姆尔（Ed Catmull）从实际出发，谈道："失败是必然的，而我们要做的就是给你安全感，允许你失败。一旦克服了这种失败的尴尬，你将更有创造力，因为你已经彻底自由了。"（Graham，2015）给你的同事充分的时间和空间发展自身技能，把更多的独创性带到工作当中，发挥自己的极致。鼓励他们在可控范围内大胆冒险。最大限度发挥团队的作用，特别要做好高度创新的工作。舍弃死板和强硬的工作描述，制定宽泛的指导方针，让每个人可以根据自己的实际情况和工作环境进行参考。指明目标，

而不是方法,鼓励大家向前迈进,提升自己的表现。务必要为获得赋权的员工设定界限(你最多能做到那种程度),但也要明白,你无法控制每个决策或任务的一切可变因素和可能产生的后果。

是的,他们一定会犯错,可能还会犯很多错,但这正是你必须学会处理的情况。错误发生的原因多种多样,比如优先次序设置不当、与其他项目/在团队内部发生冲突、疏忽大意、未收集足够数据等。多数情况下,这些原因都可以追溯到常见的思维偏误上(选择性思维、反应性思维和假设性思维),比如对某个方案的盲目自信。假设最糟糕的情况发生了——你激怒了股东、浪费了资金或者破坏了公司的名声。然后呢?导致了足以摧毁个人和团队的重大损失,这时便需要领导者看到失败的积极面,观察并评估情况,带领大家重整旗鼓,继续前进。如果你的员工总是担心能否一次性把事情做对,他们会绕开对不同想法的探索或试验。遵循本书介绍的步骤可以在一定程度上帮助你减少失败的可能性,但希望你能明白,离开舒适区总是伴随着各种不确定性。你可以使用以下方法管理风险:

- **不赌太大**。想想你本人对风险的态度。你对犯错的接受度有多大?你不需要赌上整家公司。时不时尝试一些小点子,小小地赌一把,看看会怎样。

- **重新定义失败**。把失败称为"故障"或者其他听起来没那么惨痛的表述。

- **风险 vs 回报**。每一次面对大胆的想法,都问问自己:冒险一试会怎样?不试的话又会怎样?

- **没有所谓的"失败"**。如果你知道自己不可能失败,你会怎么做?

朝着这个方向行动起来。如果你知道你永远都不会出错，你对实验的态度会发生改变吗？

- **什么可能会出问题？** 在开始阶段使用力场评估和法庭挑战（见09章）发现盲点，思考项目可能出问题的地方。把缓解措施列入计划，防止问题发生。
- **分享经验。** 与团队成员聚在一起，讨论过去"失败"了的项目，以及你们可以从中学到什么用于未来的工作。这片乌云的"银边"是什么？回顾你所冒的风险，事后看看它是否值得尝试。这让"失败"这个主题在团队中不那么尴尬。
- **做最坏的打算。** 最坏的情况是什么？制定应急计划，为任何损失做好准备。通常情况下，这让你发现，预期的失败到最后"也没那么糟糕"，处于可控范围之内。
- **不要责备。** 如果项目失败，找到出错的地方以及原因，但不要责怪相关人员。不过，如果同样的错误一再发生，就要向大家表明，持续的不良表现需要接受处理。
- **承认错误。** 每个人都会犯错，领导者当然也不例外。如果你既能坦然接受成功，又能坦率地承认错误，人们会欣赏这份坦诚，原谅你的过错。承认错误使你更加人性化，也能鼓励其他人坦白自己的过失，而不是极力掩盖它们。
- **快速学习。** 在创新项目的每个阶段以及结束之时查看项目进展。一路上庆祝做得不错的地方，修正可以做得更好的地方。只要你能密切监控项目，就可以快速发现问题，在事情失控之前妥善解决。

重点营造好玩的气氛

跟幻想一样,工作中的玩乐也被大部分人瞧不起。人们认为这既幼稚又浪费时间,还很无聊。通常来说,人们对此的态度是,如果你在玩,就是没有在认真工作。这真的很可惜,因为玩乐的近义词是乐趣,而乐趣是最强大的创意发电机。正是那些"不务正业"的时候,你才会去尝试不同的选项,看看它们是否有用。在玩的过程中,你会重新梳理所有事情,把它们从里到外、从上到下都翻转过来,你可以寻找事物背后的类比,质疑你的假设。比起太过严肃的人,怡然自乐的人总能提出更多想法。

我并不是说在创意过程中你自始至终都不该严肃。当你已经准备好采纳想法,吸取经验,评估方案并在现实中执行方案的时候,头脑冷静有其自身的价值。但玩和做不是互斥概念,它们都会在你的创新过程中发挥作用,不过玩要先于做!在创意过程早期阶段,重要的是让各种想法充分绽放。如果一味执行已经设定好的策略,一项一项完成待办事项,担心这个或那个的成本,你就不是真的在创新,对吧?

抛开严肃的态度玩得开心,并没有听上去这么简单。在我的创意思维和应用创新工作坊上,总是会看到人们因做不到这点而苦苦挣扎。有时候,这个问题不一定出在你个人身上,而是由于你所处的环境不太对。在以利润驱动的工作环境中(大多数地方都是如此),人们通常没什么时间随意尝试那些不确定能否盈利的流程。人力资源公司罗致恒富(2012)

的一项研究显示，过多的繁文缛节会阻挡企业创新的脚步。在受访的1400名财务总监中，24%指责盛行的官僚主义是创造力的头号杀手，20%则认为自己无法提出新想法的原因是日常任务繁重，还得为各种问题"救火"，而创造力只有在远离这些压力的环境下才可以盛放。如果你是企业所有者或管理者，你便处在了一个绝佳的位置，能够想办法建立一个更加创意友好的工作环境。

乐趣的因素

韦士敦大学的一项心理学研究发现，乐观向上的工作环境可以激发创意（Nadler，Rabi和Minda，2010）。研究人员利用音乐和视频片段，让受试者处于快乐或悲伤的情绪当中。他们发现，心态积极的人思维更灵活，视角更宽广，用创意解决棘手问题的能力也因此越强。研究员鲁比·纳德勒（Ruby Nadler）表示："整体而言，我们发现积极情绪能使人的思维更灵活，解决问题时更具创意，而且不失谨慎。"因此，在工作时上网看搞笑视频的人并不一定是在浪费时间。对于那些希望在工作中激发源源不断的创意的雇主来说，这无疑是个好消息。

对自己诚实一点，你在团队中是尽力鼓励乐趣、幽默和嬉戏，还是正在摧毁这些要素？要与你的团队一起享受乐趣，你就得放轻松，稍微放下戒备。很多领导者觉得这很难，宁可跟大家保持距离。但是，在创意过程中引进一点乐趣并不会失去大家对你的尊重，如果有什么不同的话，那也是你的团队对你更加敬重，由此产生的绝佳想法也是那么值得。你可以从美体小铺（Body Shop）创始人安妮塔·罗迪克（Anita Roddick）的话中得到启迪，她在2003年对美体小铺的投资者说过："我想，明年我们不准

备增长了。我们只想玩得更开心。"(Csikszentmihalyi，2003）这不叫"孩子气"，而是"像孩子一般"葆有童心。毕竟，孩子是最有创意的人。

> **案例研究　维珍的"认真玩乐"**
>
> 　　玩乐是探索和提高想象力的关键媒介。受到鼓舞和快乐的时候，即便你当时面临着阻碍新鲜想法出现的琐事，你的大脑也会从那些顾虑中解脱，冒险也变得更加简单。没有人比维珍集团的创始人、备受赞赏的商业巨头理查德·布兰森（Richard Branson）更加明白这一点。他的着装里几乎不会出现传统的西装和领带，他会举办疯狂离谱的发布会，他甚至在媒体面前表演危险的特技。《时代周刊》是这样描述他的："布兰森似乎在不顾一切地确保每个人都能像他那样充分享受乐趣。"（Branson，2011）他不遗余力地使他的同事能跟他一样快乐。他会定期给大家写信，介绍目前的进展，鼓励人们把自己的想法告诉他。他还会在产品发布会、庆祝活动和会议等活动中增添乐趣。维珍大西洋航空首航之时，飞机上到处都是魔术师和表演者，而且香槟四溢。伴随着最新热门歌曲，人们在过道上纷纷起舞。飞机上还播放着电影《空前绝后满天飞》（*Airplane*），放映过程中，机组人员开始进行分发巧克力冰淇淋的仪式。自那以后，每当有新航线开航，都会重复类似的做法，这已成为了维珍航空的一个有趣的传统，员工们都吵着要参与其中（Armstrong，2008）。维珍集团对玩乐的热情让他们可以齐心协力，提供优质的客户服务。他们也成功地把这种热情带到了毫不相关的多个不同行业当中。

有效的玩乐

　　当人们可以尽情玩乐的时候，他们也更愿意努力工作，年轻的员工尤为如此。在线人力资源专业公司 BrightHR 和心理健康咨询公司罗伯逊·

库珀（Robertson Cooper）联合对英国的 2000 名职员进行了调查，结果表明，与其他年龄阶段的职员相比，更多的千禧一代希望在工作中拥有乐趣（Bright HR 和 Robertson Cooper，2015）。而且，无论处于哪个年龄层，如果参与的工作是有乐趣的，其创意得分（55）就会比过去六个月以来没参加过有趣工作的人的创意得分（33）高得多。以下是在工作环境中注入乐趣的好方法：

一起大笑

幽默可以促进创意输出。为什么？首先，拥有幽默的心态可以使你放松下来，拓宽你的思维。幽默使压力得以释放，随之大脑产生脑啡肽，这可以让你更好地迎接突如其来的心理转变或者新想法。其次，幽默可以让你在看待事情的时候不那么严肃，这很关键。如果你会开玩笑，就更有可能去检验假设，打破维护假设的规则。这样的话，你就能找到更多更好的替代方案。最后，幽默可以触发大脑的关联能力，让你在现有的想法之间建立意想不到的新联系。当你从出其不意的全新视角看待事物时，就会迎来很多"顿悟"时刻。

在头脑风暴会议一开始，你可以让大家为产品或公司想一些好笑或者"不要脸"的格言。这是帮助人们放松紧张情绪，激发思维的一个练习方式，也是创意作家罗格·范·奥驰（Roger von Oech）在开始研讨班或会议的时候喜欢做的一个练习。以下例子便摘自他的著作《当头一击：你可以更有创造力》：

在我们这儿，贷款无须等待。
——国际银行

我们把"苛刻"的权利交给可爱的顾客。
——大型零售商

好人,好药,好运气。
——健康保险公司

无论客户需不需要,我们都是技术行业领导者。
——大型计算机公司

客户服务是我们的首要工作:请在"哔"一声之后留下您的投诉意见。
——大型航空公司

下一次举行构思会议的时候,可以试一试这个热身练习,看看你的团队能想出怎样大胆幽默的句子。这是个让每个人的创意流淌的小窍门。以下是幽默思考的其他方式:

- 播放5分钟的搞笑视频,打破创意会议的紧张感。
- 与团队成员一起参加喜剧俱乐部,或者观看喜剧片。
- 记下办公室里发生的趣事跟大家分享,一起哈哈大笑(当然要先征得当事人同意)。

把玩乐"请"进办公室

人们工作时所处的实体空间可以有力地激发创造力。孩子们在舒服和感到兴奋的环境中最能自由自在地玩耍和创作,大人也一样。为员工创造一定的空间，让他们可以远离一天中严肃的工作，完全获得玩乐的自由而不用被指指点点，这非常重要。富有创造力的公司都知道这一点，所以它们会提供休闲区域，举办有趣的外出活动和娱乐节目，让员工们保持年轻的心态，这有助于培养有趣的创意。谷歌就起到了很好的示范作用，它在全球的办公室都十分明亮，阳光充足，就像游乐园一般。公司里有寻宝游戏、游戏室、办公室室内滑梯、水族馆、沙滩排球场、热带丛林小屋、攀岩墙、巨大的恐龙骨架、免费自助餐厅等设施。脸书（Facebook）有街机游戏、免费自行车、DJ混音设施、台球桌、编程马拉松和木工房，而高朋（Groupon）则以它的魔法森林引以为傲，在那里人们可以冷静下来安心创作。

  公司面临的挑战是既要鼓励员工玩乐，又不能显得很虚伪。不要简单地模仿谷歌——游乐园般的时髦办公室适用于谷歌，但你需要找到适合你们公司文化和基础设施的方法。先试探一下大家的看法，看看你的团队成员喜欢什么样的玩乐方案。乒乓球桌和豆袋是趣味设计行业的主流选择，因为它们可以让人离开办公桌。但你也可以想远一点儿，比如秋千、果岭、吊床、飞镖、海洋球，或者其他可以让人们打破日常工作的单调状态的活动设施。话又说回来，培育创意不仅可以通过改变办公室布局或装修来实现，还可以举行各种好玩的活动，比如卡拉OK比赛、水枪大战、愚蠢的变装游戏、大笑工作坊、间谍主题冒险游戏、小丑表演、姜饼屋装饰比赛、趣味运动课（如蹦床）等。

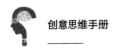

乐观地创新

企业中那些态度消极、拒绝改变现状的"恐龙"[一]总是会扼杀人们的创造力,这是创新工作失败的主要原因之一。以下的这些话你觉得熟悉吗?(见图 12-1。)

图 12-1 "恐龙"的话

[一] 译者注:英语 Dinosaur,比喻低效且落后的人或机构。

作为变革工程师，你在推行新想法时无疑会遇到人们的反对和疑虑。这种情况称为"现状偏见"，意思是人们倾向于（James，2009）：

- 保持现状，即便他们一开始并没有选择自己当前的这个位置。
- 避免改变产生的风险，即便不改变的风险比改变的风险要大得多。

如果你想树敌，就试着去改变什么吧。

——美国第28任总统伍德罗·威尔逊（Woodrow Wilson）
在底特律世界推销大会上的讲话（1916年7月）

对抗"恐龙"的消极话语以及现状偏见的最佳工具就是乐观。乐观在企业里被严重低估，然而，大量的研究发现，在那些大家想追随的领导者身上，乐观都是不可或缺的品质。从一般意义上说，乐观已经很重要了，但如果想要驱动真正的创新增长，乐观更可谓举足轻重。任何形式的改变都需要用到大量的精力，而乐观的心态和希望让事情变得更好的想法一起，共同为我们提供前进的动力。

积极成长

乐观会引发积极行动，提高心理韧性，这两者都是增长和繁荣的必要因素。斯坦福大学心理学教授卡罗尔·德韦克（Carol Dweck，2006）的研究说明了这一点。她对拥有固定型思维和成长型思维的人之间的不同之处进行了研究。从领导力的角度看她的研究结果，我们会发现，在固定型思维领导者的观念里，人的基本品质（如性格、智力、才能等）是板上钉钉的。他们认为你只能利用自己与生俱来的特质完成工作，不相信人是

可以改变的。毋庸置疑,对这类固定型领导者来说,发展人们的创造力并不是他们工作的重心。另一方面,拥有成长型思维的领导者则认为,人的基本品质可以在工作和决心中不断进步。他们十分看重学习,欢迎大家的反馈,相信自己有能力培养自己和他人的创意天赋。这类领导者会寻找有建设性的方式对员工进行表扬、赋权和鼓舞,在逆境面前也可以迅速恢复状态。事实的确如此。如果你想成为一名帮助人们增加创意、发挥潜力的领导者,你必须要抱有乐观的心态。

快乐是一种创意选择

乐观可以提升积极情绪和参与度,这两者都是发挥创意的前提(Emerald Group,2015)。芭芭拉·弗里德里克森(Barbara Fredreickson)基于自己对积极情绪的研究,提出了扩展—建构理论。其实质内容是,积极情绪(如欢乐、感兴趣、感恩等)不仅能在人体验到它们的时候带来快乐和满足,还能扩展人的行为范畴,比如玩乐、认识、探索和询问。在我们体验积极情绪时,我们的思维会打开,迎接新的可能性、新行动和新想法,我们也会在工作中更加灵活和创新。作为领导者,如果你能保持乐观,同时让人们享受自己正在做的事情,你迟早会发现他们更乐意进行实验,表现主动。如何能更好地用乐观影响你的团队?你可以试试以下方式:

- **不论如何都要积极。**首先,每天都要积极向上。不要只在有好事或重大事件发生的时候才表现积极;比起陷入消极之后重新找回积极态度,一直保持积极要更加容易。
- **拥抱新事物。**对每个新想法都给予充分的支持,确保自己鼓励所有人都"用尽全力"。对新产品、新工艺或新程序保持积极的态度。偶尔失败是可以接受的,但如果团队创新一而再,再而三地失败,他们会失去持续创新的动力。

- **把握你的优势**。关注你和其他人做得好的地方,在自身优势的基础上努力,致力于专业发展。你越能把握自己的优势,自信心和成功率就会越强。留意并庆祝一路上取得的胜利,利用仪式感为团队的成长助力,你将成为一名更加乐观和创新的领导者。

- **日常使用激发灵感的材料**。我喜欢看关于创业和创新的 TED 演讲视频以及最新的认知研究报告。有些人喜欢每天读一句格言、听励志演讲或者读成功人士的传记。你又能读/看/听/播些什么来获得乐观的心态,让自己每天感觉良好?

- **看到"银边"**。我们都可以学会重新调整自己的心态,发现消极情况中隐藏着的积极面——要看到仍然拥有的 90%,而不是失去了的那 10%。那一点坏消息或坏运气不会永远都在那儿。转变态度,让自己"提供帮助"而不是"无能为力"。你现在能做些什么让情况不那么糟?这件事背后是否隐藏着什么机遇?如果你什么都做不了,就不要一直想着它。

- **期望人们成功**。相信人们的潜力,这是你能送给他们的最好的礼物,能够帮助他们完成越来越多的目标。即便你的团队成员没能实现起初的目标,也不要跟他们一起沉溺在失败当中。你应该鼓励他们,让他们充满力量地迎接下一个挑战:"没关系。我知道你下次一定会做得更好。"

创意思维手册

支持系统

如果你让创意成为每个流程和项目的核心会怎样？企业中的创新不会自然而然地发生——它需要一定的支持。首先，支持来自领导者。如果你是企业家或管理人员，在你的位置上通过公司系统或组织结构支持及利用创意这项独特的资源，是最合适不过的了。怎样才能让创意探索对每个人都变得简单呢？你能不能只调整现有的系统，在其中加入创新呢？通常来说，小公司比大公司更善于集体创新，因为小公司的障碍比较少，环境比较灵活。大型组织做决策是一个漫长得让人叫苦的过程，人们的想法也常常不会被认真考虑。关注创新，移除其障碍的领导者能带来有效的举措和快速的变革。具体方式包括让人们做决策，投资他们的成长，共享信息和数据，相信他们会做正确的事情，给他们机会参与合作和社交，允许他们大胆冒险而不必担心犯错会遭受指责，等等。

如果你还算不上什么领导，只是一个"小角色"，你还是能用自己的力量影响你所属的团队和工作部门。你可以先从自己可以直接作用且无须获得授权的事情做起，比如提升个人创造力，为部门收集意见和信息，以及推动项目过程的渐进式变化。至于比较大的行动，可以寻求主管或导师的支持，帮助你促成变革。你还可以多找一些志同道合的创新者一起组队，扩大影响力。有点耐心，坚持下去，因为改变不会一夜之间发生——一小步一小步地前进，一点一点邀请其他人加入你的行列。

合作站

创新需要信任与合作的氛围。在这个快速向虚拟世界转变的大环境中，人们越来越不愿意离开自己的桌子和机器，这时你就得想想看，怎样布置办公室，才能鼓励人们进行真正的面对面交流。为他们创造"去茶水间倒水的机会"，去"碰见"其他业务领域的同事或者外面的访客。这些偶然的见面可以促进想法和信息的交流，有利于公司进步。此外，这还有助于建立互相信任的伙伴关系，伙伴之间既可以互相发出挑战，又可以相互支持。

想一想怎样设计和改良工作环境中的动线，让大家都能自由地走动——巧妙放置的咖啡机，灵活的座椅安排，放在办公室中央的打印机，可移动的墙体，中庭/大堂，等等。打造供人们交际的社交空间，在那里他们也可以不受拘束地开会，比如休息室、小餐厅、小型会议室、休息区等。在三星的美国新总部，楼层之间有大型的户外空间，以促进工程师和销售人员之间的交流和融合。你还可以在公共区域安装创意板或交互式触摸屏，领英就在公司各处都装了"白板墙"，这些画布供人们把捕捉到的想法写下来，让其他人都可以看见和拓展这些想法。不过，在你拆掉所有隔间和密闭空间之前，不要忽略那些内向的人的感受——面对突如其来的各种互动，他们可能会惊慌失措。保留一些用墙隔开的工作区，为他们留出私人空间，同时，这些地方也可以用作一对一讨论的空间。

包容性创新

除了正式的头脑风暴，还有无数种方法在员工、客户或大众身上获得更多想法。例如举办比赛和工作坊/活动，或者利用合作网络平台（众包）。前迪士尼CEO迈克尔·艾斯纳（Michael Eisner）在任时会为员工举办每年三次的"铜锣秀"（Gong Show）^㊀，以此方式不断获得新鲜的想法。在"铜锣秀"上，艾斯纳和几名高管会花一天的时间聆听大家的想法，无论是布景设计师、秘书还是主题公园服务员，任何想提出想法的人都可以尽情表达（Tucker，未注明日期）。通常会有多达40个人介绍自己的想法，多离谱的都行。虽然大部分想法会被否决，但这个过程成功地营造了一种大家都能安心发言的气氛。迪士尼的大部分动画电影（如《小美人鱼》和《风中奇缘》）以及迪士尼商店的想法都是在这样的过程中诞生的。

有一些企业给人们更容易提出改善和发展建议的机会，以此保持创新输出，这也让企业获益匪浅。领先的日本汽车制造企业丰田每年实施的员工建议超过100万个，其中95%是在想法提出的10天之内执行的(Lindegaard, 2011)。平均每位丰田员工每年提出100个想法，这样加起来很快就能有好几百万个建议。比起激进而远大的提案，员工的大部分建议更多是增量式的，可帮助公司逐步改善，但此举的重要性在于营造了良好的企业文化，创新思维得以培育。团队成员提出的想法和建议是"丰田之路"的组成部分，是其在全球市场取得成功的基石。随着技术协同的发展，让团队提出想法变得前所未有地容易。就算你不会执行每个想法，但你激发的创新精神将无比珍贵。

㊀ 译者注：铜锣秀，迪士尼的内部活动，把所有员工聚集到会议室进行不设限讨论，每个人都要提出建议。

还有一些企业选择向外寻找新选项，打破以企业为中心的视角。例如，为了发现新的商业构想，思科每年都会举办全球创新大赛，获胜队伍能获得高达 25 万美元的巨额奖金。有时，在比赛结束后思科会对获胜方案进行投资，但举办比赛更重要的目的是建立创新联系和伙伴关系。记下来：推进企业创新的机会跟创新本身一样，都是无尽的。

> **关键要点**
>
> 要想创意在组织中不断涌现，需要上层领导者充满热情地进行引导。领导者必须学会把创新视为核心力量。本章提供的实用性建议能帮助你让创意和创新成为企业 DNA 中的一部分。
>
> - **关注终点**。创意领导力的本质在于创建、拥有和分享有意义的使命和愿景——就"为什么"和"去哪里"给出热忱的答案，让团队行动起来。
> - **不要害怕失败**。恐惧使我们远离"未知"，并且因为担心失败而不愿冒险。要成为更好的创新者，我们需要对抗自己下意识的恐惧感，更多地关注眼前的机会，在仔细衡量过后勇于冒险。当然，没人喜欢犯错，但如果你真的犯了错，就把它当作学习的机会欢迎它——汲取教训，改变方向，继续前进。
> - **参与玩乐**。无法在工作中找到乐趣会扼杀你的创意天分，还会危及整个工作环境。你可以既享受玩乐又踏实做事。玩乐的形式多种多样，如利用幽默把更多的乐趣带到工作环境中（减少严肃），激发人们脑中快乐的一面。思考如何布置工作环境才能刺激人们快乐地提出打破常规的想法，拥有寻找创意的时间。
> - **乐观**。做正能量的源头。避免消极的想法，看到所有事情好的一面——哪怕是不好的情况或方案。沟通的时候要给予人们鼓励，帮助他们克服自我怀疑。无论何时何地都去发现积极面吧！好的氛围能让一个地方充满激情。

- **建立支持系统**。通过协商的方式和开放的网络系统，让公司上上下下所有人都可以分享想法和信息，实现自下而上的创新。设计能够促进人们合作和移动的办公室环境，有助于增加团队之间的创意联系。提案制度和比赛活动则可以在组织内外征集新的想法。

参考文献

3M（2018）[accessed 20 August 2018] Who is 3M? [Online] http://www.3m.co.uk/intl/uk/aad/index.html

Allan, P（2014）[accessed 24 July 2018] The biggest failures of successful people（and how they got back up）, *Lifehacker*, 7 October [Online] http://lifehacker.com/the-biggest-failures-of-successful-people-and-how-they-1642858952

Amazon（nd）[accessed 20 August 2018] Earth's Biggest Selection [Online] https://www.amazon.jobs/team-category/retail

American Express（2017）[accessed 23 July 2018] Redefining the C-Suite: Business the Millennial Way [Online] https://www.americanexpress.com/uk/content/pdf/Amex Businessthe Millennial Way.pdf

Armstrong, J（2008）*Unleashing Your Creativity: Breaking new ground… without breaking the bank*, A & C Black, London

Branson, R（2011）*Losing My Virginity: How I've survived, had fun, and made a fortune doing business my way*, Crown Business, New York

Bright HR and Robertson Cooper（2015）[accessed 26 July 2018] It Pays to Play [Online] https://pages.brighthr.com/rs/217-MIC-854/images/itpaystoplay.pdf

Csikszentmihalyi, M（2003）*Good Business: Leadership, flow, and the making of meaning*, Penguin Books, New York

de Geus, A（1997）[accessed 26 July 2018] The Living Company, *Harvard Business*

Review, March/April [Online] https://hbr.org/1997/03/the-living-company

de Geus, A (1999) *The Living Company: Growth, learning and longevity in Business*, Nicholas Brealey, London

Dweck, C (2006) *Mindset: The new psychology of success*, Random House, New York

Emerald Group (2015) *New Perspectives in Employee Engagement in Human Resources*, Emerald Group, Bingley

Frederickson, BL (2004) The broaden-and-build theory of positive emotions, *Philosophical Transactions of the Royal Society B*, 359 (1449), pp 1367–78

Google (nd) [accessed 20 August 2018] Our Company [Online] https://www.google.com/about/our-company/

Gower, L (2015) *The Innovation Workout: The 10 tried-and-tested steps that will build your creativity and innovation skills*, Pearson, Harlow

Graham, DT (2015) [accessed 25 July 2018] Pixar Co-founder: You Have to Embrace Failure to Succeed, *Daily Herald*, 6 August [Online] https://www.dailyherald.com/article/20150806/news/150809323/

James, R (2009) [accessed 28 July 2018] Status Quo Bias: Avoiding Action, Avoiding Change [Online] Available from: https://www.slideshare.net/rnja8c/status-quo-bias

LEGO (2012) [accessed 20 August 2018] Mission and Vision, 18 January [Online] https://www.lego.com/en-gb/aboutus/lego-group/mission-and-vision

Lindegaard, S (2011) *Making Open Innovation Work*, CreateSpace, North Charleston, SC

Mühlfeit, J and Costi, M (2017) *The Positive Leader: How energy and happiness fuel top-performing teams*, Pearson, Harlow

Nadler, RT, Rabi, R and Minda, JP (2010) Better mood and better performance: learning rule-described categories is enhanced by positive mood, *Psychological Science*, 21 (12), pp 1770–76

Petersen, DE (2007) [accessed 20 August 2018] At Ford, Quality Was Our Motto in the 80s, *Wall Street Journal*, 22 June. [Online] https://www.wsj.com/articles/SB118247749692744393

Robert Half International (2012) [accessed 26 July 2018] Robert Half Survey: Lack of New Ideas, Red Tape Greatest Barriers to Innovation, 4 April [Online] http://rh-us.mediaroom.com/news_releases?item=1418

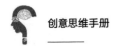

Tucker, RB (nd) [accessed 28 July 2018] Effective Idea Selection is Critical to Systematic Innovation, *Innovation Management* [Online] http://www.innovation management.se/imtool-articles/effective-idea-selection-is-critical-to-systematic-innovation/

Virgin (nd) [accessed 20 August 2018] Our Purpose and Values [Online] https://www.virgin.com/virgin-management-limited/careers/Our Purposeand Values

von Oech, R (2008) *A Whack on the Side of the Head: How you can be more creative*, Business Plus, New York

结　语
你从本书中收获了什么？

> 创意不是天赋，而是一种经营之道。
>
> ——约翰·克里斯（John Cleese），英国影视和喜剧演员

你已经来到本书的结尾部分，但一如既往，"结束只是一个新的开始"，这将是你书写自己的成功创意故事的开始。阅读可以启发你的学习，告诉你成为创意决策者所需的工具，但什么都比不过走出去真正运用创意来得重要。我们已经一起探讨了很多不同的主题，最后我想对你说几句鼓励的话，希望你能好好地应用本书的方法。在某种意义上，创意思维很简单，但同时它也很复杂。尽管理论部分像常识一样简单，但我也知道打破那些钳制创新的不良思维习惯和思维偏差有多困难。也许你的热情会被唤醒，想开始消除假设、举办精心安排的头脑风暴会议、提出有力的想法、更加积极主动，但然后呢？然后你就又做回了一直在做的那一套。

创意思维手册

我们都相信自己拥有开放的心态，不会受思维误区的影响，但数据表明我们跟其他人一样，深陷选择性思维、反应性思维和假设性思维的魔掌之中。结果便是，大部分头脑风暴会议都发挥不了作用。这并不是因为头脑风暴本身有什么问题（当然啦，前提是头脑风暴会议是按照本书建议的合理方式举办的，见 07 章），而是因为会议安排得太糟糕，让错误的思维满天飞。好消息是，你看了这本书，学到了一些管理自己大脑的有效方法。

决定，决定

我们的决定影响着我们做的所有事情。选择改变也许是我们做过的最难的选择之一，但也是最重要的选择之一。我们需要创意改变塑造未来，让自己把事情做得比以前好。旧想法已经不足以帮我们完成这一切。我们应该在工作、产品和服务上不断追求创新和进步，与时俱进，哪怕只是为了在这个竞争激烈的世界里跟得上步伐。如果你不创新，而其他所有人都在前进，你就会落在后头。是时候做出勇敢但必要的决定了，去迎接新挑战吧，去帮助你的公司腾飞，而不仅仅是生存。

创新不会在组织里随随便便就发生。你需要创造正确的环境和氛围，促进新想法的产生，利用它们有效解决问题。每当你需要定义问题、寻找新的可能性、评估潜在方案、实施伟大的新想法时，拿起这本书看一看吧。应用"解决方案探测器"的四个步骤，在不受限制的情况下有效地进行头脑风暴，充分发挥创意的力量，把你的思维延伸至以前从未到达之处：

第1步，理解——定义挑战

第2步，构思——产生想法

第3步，分析——评估想法

第4步，行动方向——执行解决方案

"解决方案探测器"不会让你一下子变成完美的思考者，但可以帮你管好你的推理和坏习惯，不让它们把事情搞砸。我在各章中介绍的工具和技巧有助于提高你清楚、创新且有建设性地处理事情的能力。从转换视角到反向头脑风暴，再到内心/头脑评估，有这么多方法任你使用，帮助你激发无限创意，分析理解所有数据的含义。很多方法可以一次解决多种思维错误，可谓是一石二鸟（甚至还不止"二鸟"）。

在如今快速变化的商业世界，我们经常需要快速做决策，没有充足的时间系统地完成"解决方案探测器"的所有步骤，在这种情况下，最有效的决策技巧就是盯紧你的目标，让直觉告诉你正确的方向。史蒂夫·乔布斯在苹果的很多决策都是通过这个方法完成的。记住，如果你什么都不做，就什么创新改变都不会发生！

持之以恒

创意过程不会一帆风顺，你会在途中遇到各种挫折。如果遇到了，请不要灰心丧气，你更应该从挫折中学习，也不要忘了时常庆祝自己的成

功。在本书和"决策雷达"测试（请定期做一下这个测试）的帮助下，你一定会自信地成长，因为你会不断做出更好的决策，把新想法化为成功。不要再做让自己停滞不前或者脚步变慢的事情，开始做那些能让自己身心都有所不同的事情。问问自己："我能做得有多好？"

　　感谢你阅读此书。这个世界需要更多的灵感和创新。祝你在实现绝妙新想法的路上收获满满的成功！

克里斯·格里菲斯（Chris Griffiths）

附　录
活动答案

一年中的月份（第3页）

四月（April）　　　　　六月（June）

八月（August）　　　　三月（March）

十二月（December）　　五月（May）

二月（February）　　　十一月（November）

一月（January）　　　　十月（October）

七月（July）　　　　　　九月（September）

等式（第22页）

大部分人倾向把它看成一个数字问题，但要找到答案需要运用视觉信息和你的想象力。

只添加一根直线，2+7-118=129 可以变成：

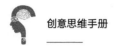

$$247-118=129$$

这样等式不就成立了吗!

这道题的其他答案包括：

把一根直线放到等号上面，变成：2+7-118≠129

还是改变等号，变成：2+7-118≥129

放开木块（第36页）

这道题的答案取决于图中的人在什么地方，处于什么环境：

1. 如果这个人在地球上……

图13-1　木块掉落到地上

由于地心引力，木块会往下掉到地上。

附 录 活动答案

2. 如果这个人在水里……

图 13-2 木块浮起

由于木块的密度比水的密度小，木块会往上浮到水面。

3. 如果这个人在太空中……

图 13-3 木块保持不动

由于各个方向的合力为零，所以木块会保持不动。

资料来源：Brainstorming. co. uk（2011）创意思维谜题 2 中"放开木块"问题，Infnite Innovations 公司，http://www.brainstorming.co.uk/puzzles/dropblock.html

打乱的字母(第57页)

1. 稍微关注和筛选一下,你就能排除多余的字母,拼出这个常见的英文单词:

SUPERMARKET

2. 这题就难一点了。要解开这道题,你得在字面上理解题目的表达。你不是真的需要划掉个字母,而是"6个字母"的英语(SIX LETTERS)所对应的字母,也就是说,你得先划掉"S",然后划掉"I",然后是"X""L""E""T"……如此类推,直到把"S I X L E T T E R S"全部划掉,最终剩下的字母将组成词语:

BANANA

打破假设的问题(第72页)

1. 他是一个空中作家(skywriter)[一],他驾驶的飞机撞上了另一架飞机。

2. 在这条线旁边画一条比它更长的线,它就会比这条新的线要短了。

[一] 译者注:空中作家,利用飞机尾气在天空中写字的人。

附 录 活动答案

棘手的网格（第75页）

把整个网格倒过来看，数字 6 就变成了数字 9。把 1、9、1、1 圈出来，就能得到下面的正确答案。

图 13-4 棘手的网格答案